ZHUANLI SHENQING YU YUNYONG

主编 / 王丽

专利申请与运用

大连海事大学出版社
DALIAN MARITIME UNIVERSITY PRESS

图书在版编目（CIP）数据

专利申请与运用／王丽主编. — 大连：大连海事
大学出版社，2024.3
ISBN 978-7-5632-4537-6

Ⅰ.①专…　Ⅱ.①王…　Ⅲ.①专利申请—基本知识
Ⅳ.①G306.3

中国国家版本馆 CIP 数据核字（2024）第 053547 号

大连海事大学出版社出版

地址：大连市黄浦路523号　邮编：116026　电话：0411-84729665(营销部)　84729480(总编室)

http://press.dlmu.edu.cn　E-mail：dmupress@dlmu.edu.cn

大连天骄彩色印刷有限公司印装　　　　　　　　　　**大连海事大学出版社发行**

2024 年 3 月第 1 版　　　　　　　　　　　　　　2024 年 3 月第 1 次印刷

幅面尺寸：184 mm×260 mm　　　　　　　　　　　　　　印张：7

字数：148 千　　　　　　　　　　　　　　　　　　印数：1~1000 册

出版人：刘明凯

责任编辑：陈青丽　　　　　　　　　　　　　　　　责任校对：史云霞

封面设计：解瑶瑶　　　　　　　　　　　　　　　　版式设计：解瑶瑶

ISBN 978-7-5632-4537-6　　　定价：21.00 元

前　言

科技竞争是各国综合国力竞争的焦点。科技竞争的核心是什么？温家宝同志于2009年2月在英国参观深圳华为公司英国分公司时指出："什么是竞争力？竞争力就是知识产权，是专利，是标准。"

中国自1985年4月1日开始实施《中华人民共和国专利法》。经过多年发展，我国已然成为知识产权大国。但是，我国知识产权存在"大而不强、多而不优"的问题，这导致技术供给水平偏低。专利质量是保障知识产权事业持续健康发展的生命线，是夯实知识产权强国建设的基础。因此，提升专利质量是我国由知识产权大国向知识产权强国迈进的必然要求。

高等学校拥有大量的优秀科研人员和一流实验室，在科技创新方面具有得天独厚的优势。现如今，高校持有的专利权多，但成功进行科技成果转化的比例较少，而专利质量不高是其主要原因之一。因此，高等学校有必要建设高质量的专利申请与运用课程和教材。

本教材在《中华人民共和国专利法》《中华人民共和国专利法实施细则》《专利审查指南》规定的原则下编写形成，旨在使高等学校学生掌握专利基本知识和专利检索途径，克服专利检索"查不全和查不准"两大顽疾；掌握专利申请文件构成要素及其撰写要求，进而提高专利申请质量，并增强学生对知识产权的保护意识，为国家培育全方位人才。

因时间仓促，书中纰漏之处在所难免，敬请广大读者批评指正。

王丽

2023年10月

目　录

第一章
专利基本知识

第一节　专利制度

一、专利制度及其作用

专利制度是关于专利的申请、审查、授权、实施、许可、转让、管理、保护等一系列鼓励发明创造,促进发明创造的传播、应用等所有法律制度的总和。

专利制度的核心是专利法。专利法规定"以授予发明创造专利权的方式来保护发明创造、鼓励发明创造、公开发明创造、促进发明创造推广应用,推动科学技术进步和经济发展以及有利于国际间的技术交流与合作"。

二、世界第一部专利法

威尼斯共和国于 1474 年 3 月 19 日颁布了世界上第一部专利法《发明人法规》(*Inventor Bylaws*),并依此法颁发了世界上第一号专利,这是世界专利制度发展史上的第一个里程碑。第一部专利法规定:"任何人在本城市制造了以前未曾制造过的、新而精巧的机械装置者,一俟改进趋于完善以便能够使用和操作,即应向市政机关登记。本城其他任何人在十年内没有得到发明人的许可,不得制造与该装置相同或者相似的产品。"

第一部专利法在内容上与现代专利制度接近,在体系上也颇为完备,不仅重视国家利益,而且在专利授权归属上确立了先发明制;但是,其本意是丰富本国先进技术的内容,对保护发明人的权利并未给予充分的重视。世界第一部专利法对英国建立第一部具有现代意义的专利法起到了引领作用。

三、现代专利法的始祖

英国议会于 1624 年颁布了《垄断法》(*Statute of Monopolies*)。这是世界专利制度发展史上的第二个里程碑,是英国专利制度正式确立的标志,也被认为是世界上第一部具有现代意义的专利法,因此被人们称为现代专利法之始。

在西欧历史中,专利的萌芽始于公元前 10 世纪,意大利的一位厨师因发明了一种新的烹调方法,而被授予一年内对该方法的独占权。此后,西欧各国王室,尤其以英国为代表,自 13 世纪开始常以王室特权的形式奖励一些为国家发展做出重大贡献的人;到了 14 世纪,英国为了将外国先进的技术引入本国来发展,开始由王室授予"特许经营权",这种王室特权导致授权专利名不副实和权利滥用,遭到公众强烈的抗议;于是在 17 世纪,詹姆士一世迫于政治抗争废除了之前存在的所有专利,明确规定了只有新的和最早的发明才可以获得一定时间的专利保护。1624 年,英国实施了世界上第一部《垄断法》,该法宣告所有垄断、特许和授权一律无效,限制了王权的滥用,至此只对"新制造品的真正第一个发明人授予在本国独占实施或者制造该产品的专利证书和特权,且有效期为 14 年或以下,在授予专利证书和特权时期内其他人不得使用"。《垄断法》明确规定了专利法的一些基本范畴,但是该法案在保护发明者的利益方面做得还不够完善,高额的专利申请费用、繁杂的申请程序和有名无实的审查制度等因素都使得许多有新发明的人望而却步。此外,该法还存在专利信息传播的问题,专利信息传播全靠发明人的言传身教,存在传播速度慢、范围窄等缺点。自 1835 年后,英国对专利制度的相关法律条令进行反复讨论和修订,最终在 1852 年颁布了具有现代意义的《专利法修正案》,与此同时设立了英国专利局专门处理专利事务,简化了专利的申请程序,规范了专利的审查机制,削减了专利的申请费用,还开始整理传播专利信息的专利文献。这些变革不仅革除了以往专利制度的弊病,也使其真正具备了现代专利制度的主要特征。英国专利制度的发展和推广,有效激励了工业技术的发明,促成了第一次工业革命。英国由此成为第一个现代化国家。

四、美国专利制度发展概要

美国专利制度始于 1790 年,并于 1836 年、1952 年、2011 年等做出多次修订,逐步建立起相对完善的专利法律规范,其发展历程主要分为产生、发展、变革三个阶段。

产生阶段,是指 1790 年美国《专利法》诞生和 1793 年对《专利法》进行第一次修订。1790 年的《专利法》只有短短 7 个条文,具备了现代专利法的基本内容,不仅明确了专利法保护未知且有用的技术、产品、机器、装置和改进措施的客体范畴,规定了权利人在制造、使用、买卖等方面所享有的一定期限的专有权,还建立了专利授权、转让及权利救济等方面的法律程序,但是制度实施存在诸多问题。因而,美国于 1793 年便对第一部《专利法》进行了修订,法律条文增加到 12 个,相关法律规定变得更为详细。修订后《专利法》仍有三方面局限性:一是专利保护地域局限于本土。在专利授权范围上并未将外国人发明或发现的技术、产品、机器、装置和改进措施纳入其中;在专利权利效能上也仅限于制造、使用及买卖,并未规定对专利产品的进口权,该局限性在一定程度上与美国独立之初急需发展本国经济密切相关。二是专利保护期限相对较短。1790 年和 1793 年的《专利法》延续了 1624 年英国《垄断法》的相关规定,赋予专利权人 14 年的权利垄断期限。三是专利审批程序不尽合理。1790 年《专利法》规定专利申请由国务卿、国防部部长和司法部部长进行实质审查，由于专利申请数量的增加，审查人员也因政务繁忙而没有足够的时间进行专利审查，因此1793年的《专利法》将原来的审查制改为注册制，并由联邦法院在专利诉讼中确定专利的有效性。无论是1790年的审查制，还是1793年的注册制，美国在专利制度的产生阶段都没有设立专利审查机构。

发展阶段，是指美国《专利法》经过数次修订完善，主要涉及1836年、1870年和1952年的《专利法》等相关法律文件。1836年的《专利法》的最大亮点是改变了制度产生阶段专利审批程序的运行困境，创设了专门的专利审查机构，提高了专利审查的效率和专利授权的质量，为之后美国专利制度的有序运行提供了专利审查的程序基础与专利授权的质量保障；此外，开放了专利授权的主体限制，允许将美国专利权授予外国人。1870年的《专利法》与1836年的《专利法》相比并没有做出太多改变。1952年的《专利法》具有极其重要的历史意义，是美国历史上修订幅度最大、影响最深远的一次专利法律修订，其最大亮点在于专利规则的精细化，重构了专利法的结构框架，完善了各项专利法律规则，使之逐步呈现出精细化的状态形式。例如，在专利授权规则中将"非显而易见性"作为重要的法定标准，对于专利审查具有重要的指导价值；在专利侵权规则中也将专利直接侵权与间接侵权做出了明确区分，澄清了法院在专利侵权问题上的模糊认识，对于专利案件的审理具有重要的辅助意义。

变革阶段，是指1982年《联邦法院改革法》的颁布，其最大亮点是专利司法的一体化，增设了受理专利上诉案件的联邦巡回上诉法院，极大地推进了美国司法的一体化进程，有效地改善了长期以来专利案件由地方法院一审并由该地方所属巡回法院二审的司法体制下案件审理标准不一致等法律适用混乱的问题。2011年《美国发明法案》的最大亮点是将专利申请机制由1790年制定的"先发明制"向"先申请制"变革。"先发明制"中发明日难以确定、申请人举证负担重、专利审查周期长、专利申请成本高、权利状态不稳定、专利诉讼多发等弊端也日益凸显。此外，专利审查机制中增加优先审查制度以及商业方法专利的授权后重审程序，其实质是对小企业扶持措施的一部分，即专利商标局可应申请人的请求，优先审查对经济或国家竞争力具有重要意义的专利申请，优先审查下申请的专利在1年内可获授权，但优先审查量不能超过年申请量的10%。美国专利制度长达200余年的演进史，是美国社会变革的缩影，也为其他国家的专利制度建设提供了借鉴经验。

五、中国专利制度发展概要

国务院于1980年正式批准国家科学技术委员会提出的在我国建立专利制度的请示报告，专利法也正式进入起草阶段。经过4年多的反复论证和历经20余稿的修改，《中华人民共和国专利法》（简称《专利法》），于1984年3月12日经第六届全国人民代表大会常务委员会第四次会议讨论通过。1985年4月1日，《专利法》正式实施，该《专利法》揭开了我国专利制度建设的新篇章。我国《专利法》实施的第一天，原中国专利局就收到来自国内外的专利申请3455件，被世界知识产权组织誉为创造了世界专利历史的新纪录。1985 年 12 月,航空航天工业部 207 所工程师胡国华顺利拿到了国家专利局颁发的专利号为"85100001.0"的证书,成为新中国"第一号专利"发明人。

中国专利制度也经过多次修改完善。为更好适应深化改革,扩大开放和建立社会主义市场经济体制的需要,我国于 1992 年 9 月对专利法进行了第一次修改,主要修改内容:延长专利权的期限,将发明专利权期限从原来的 15 年改为 20 年,实用新型专利权和外观设计专利权从原来的 5 年加 3 年续展期改为 10 年;将授权前的异议程序改为授权后的撤销程序;增加专利复审的范围;扩大了专利保护的技术领域,将食品、饮料、调味品、药品和用化学方法获得的物质列为保护范围;重新规定专利侵权诉讼中举证责任转移的条件;增加对假冒专利产品或者方法的处罚等。为了进一步适应加入 WTO 后我国经济建设和改革开放的形势,我国于 2000 年 8 月对专利法进行了第二次修改,主要修改内容:明确专利立法促进科技进步与创新的宗旨;简化、完善专利审批和维权程序,规定实用新型专利和外观设计专利的复审和无效由法院终审;与国际条约相协调,明确了通过《专利合作条约》(PCT) 途径提交国际专利申请的法律依据等。为了进一步提高自主创新能力,服务于创新型国家建设,2008 年 6 月 5 日,国务院印发《国家知识产权战略纲要》(以下简称《纲要》),站在国家经济社会发展战略的高度,提出了到 2020 年把我国建设成为知识产权创造、运用、保护和管理水平较高国家的战略目标。在《纲要》指导下,我国于 2008 年 8 月进行了对专利法的第三次修订,主要修改内容:通过提高专利授权标准、完善审批程序、加强专利权保护以及合理平衡专利权人与公众利益关系,以期达到激励创新、保护创新,增强我国核心竞争力的立法目标。为了维护专利权人的合法权益,增强创新主体对专利保护的信心,充分激发全社会的创新活力,根据 2020 年 10 月 17 日第十三届全国人民代表大会常务委员会第二十二次会议《关于修改〈中华人民共和国专利法〉的决定》第四次修正,主要修改内容:一是加强对专利权人合法权益的保护,包括加大对侵犯专利权的赔偿力度,对故意侵权行为规定 1~5 倍的惩罚性赔偿,将法定赔偿额上限提高到 500 万,完善举证责任,完善专利行政保护,新增诚实信用原则,新增专利权期限补偿制度和药品专利纠纷早期解决程序有关条款等。二是促进专利实施和运用,包括完善职务发明制度,新增专利开放许可制度,加强专利转化服务等。三是完善专利授权制度,包括进一步完善外观设计保护相关制度,增加新颖性宽限期的适用情形,完善专利权评价报告制度等。改革开放以来,随着社会的高速发展,我国的专利制度建设不断完善与创新,走出了一条独具中国特色的发展之路。

六、中国专利法的宗旨

《中华人民共和国专利法》的宗旨是保护发明创造专利权,鼓励发明创造,有利于发明创造的推广应用,促进科学技术的发展,适应社会主义现代化建设需要。

第二节　专利的定义、特点及作用

一、专利的定义

专利是受法律规范保护的发明创造,是指专利申请人依其一项发明创造向国家审批机关提出专利申请,依据专利法审查合格后,向专利申请人授予的在规定的时间内对该项发明创造享有的专利权。

专利权也称为专有权或排他权,是国家专利机关依据本国专利法授予发明人或设计人对一项发明创造享有的专有权,是知识产权的一种。

二、专利的特点

专利权具有独占性(排他性)、地域性、时间性三方面特征。

(一)专利权的独占性

专利权的独占性是指专利权人对其发明创造所享有的独占性的制造、使用、销售和进出口的权利。即,其他任何单位或个人未经专利权人许可不得进行为生产、经营目的的制造、使用、销售、许诺销售和进出口其专利产品,使用其专利方法,或未经专利权人许可为生产、经营目的的制造、使用、销售、许诺销售和进出口依照其方法直接获得的产品,就是侵犯专利权。

(二)专利权的地域性

专利权的地域性是指一个国家依照其本国专利法授予的专利权,仅在该国法律管辖的范围内有效,对其他国家没有任何约束力,外国对其专利不承担保护的义务。如一项发明创造仅在中国取得专利权,则专利权人只在中国享有专利权。如果有人在其他国家和地区生产、使用或销售该发明创造,则不属于侵权行为。

(三)专利权的时间性

专利权的时间性是指专利只有在法律规定的期限内才有效。如中国发明专利的保护期为 20 年,中国实用新型专利的保护期为 10 年,中国外观设计专利的保护期为10 年。

三、专利的"盾"和"矛"作用

专利能够让企业在激烈的市场竞争中占据有利的位置,尤其是对中小型企业而言,高质量专利足以令其在市场中立于不败之地。专利至少具有以下 7 种作用:

1. 通过法定程序确定发明创造的权利归属关系,从而有效保护企业的发明创造成果,使其独占市场,以此换取最大的经济利益。

2. 及时申请专利可为企业在市场竞争中争取主动,防止发明创造成果被他人随意使用,防止竞争对手将相同的发明创造申请专利,从而确保自身产品生产与销售的安全性。

3.企业拥有多个专利是企业强大实力的体现,是一种无形资产和无形宣传,可利用专利技术作为产品宣传的卖点,提高产品档次。

4.国家对专利有扶植政策,会给予政策、经济方面的资助。如高新技术企业资格评审、科技项目验收和评审等,拥有一定数量的专利还可作为企业上市和其他评审的一项重要指标。

5.专利技术可促进产品的更新换代,提高产品的技术含量和质量,降低企业成本。此外,专利具有科研成果市场化的桥梁作用。

6.专利技术可以作为商品进行出售或转让,通过转让专利技术或实施专利许可,获得经济效益,从而实现专利的经济价值。

7.专利权可以用来质押,向银行贷款,或作为保证进行融资。

简言之,专利既可用作"盾",保护自己的技术和产品;也可用作"矛",打击对手的侵权行为。充分利用专利的各项功能,对企业的生产经营具有极大的促进作用。

第三节　专利的类型及其区别

专利的类型,又称为专利的客体,是指符合专利授予条件的各种发明创造。我国专利法所保护的发明创造,包括发明、实用新型和外观设计三种类型。

一、发明专利

发明专利是指对产品、方法或者其改进所提出的新的技术方案。发明专利包括产品发明和方法发明两类。

产品发明专利是指制造出的新物品的发明(具有标的物的要素)。如制造品的发明(生产设备、生活用品等);材料发明(油漆、涂料、水泥、玻璃等)。

方法发明专利是指把一个物品或一种物质改变为另一种新的物品或物质时使用的手段的发明(具有过程或者时间的要素)。如制造产品的方法,包括机械方法(制造机电产品)、化学方法(制药、化工原料)、生物方法(用生物方法制造的药品)、测量和通信方法等。

二、实用新型专利

实用新型专利仅针对产品而言,是指对产品的形状、结构或者其结合所提出的适于使用的新技术方案。实用新型专利包括产品形状和构造发明两类。

产品的形状是指产品具有的可以从外部观察到的确定的空间形状,必须是为了达到一定的技术功能目的,而不是美观效果,如水泥、水泥砖、船帆。

产品的构造是指产品的内部构造,即产品的组成部分及其结构或者部件的连接,它往往表现出产品部件或产品零件之间在功能上的相互关系。如杯盖的独立/连接。

三、外观设计专利

专利法所称外观设计是指对产品的形状、图案或者其结合以及色彩与形状、图案的结合所做出的富有美感并适于工业应用的新设计。即外观设计是产品的外观设计,其载体应当是产品。注意:不能重复生产的手工艺品、农产品、畜产品、自然物不能作为外观设计的载体。

大家理解外观设计需注意以下两点:

(1)构成外观设计的是产品的外观设计要素或要素的结合。其中包括形状、图案或者二者的结合以及色彩与形状、图案的结合。可以构成外观设计的组合有产品的形状,产品的图案,产品的形状和图案,产品的形状和色彩,产品的图案和色彩,产品的形状、图案和色彩。

形状:是指对产品造型的设计,也就是指产品外部的点、线、面的移动、变化、组合而呈现的外表轮廓,即对产品的结构、外形等同时进行设计、制造的结果。

图案:是指由任何线条、文字、符号、色块的排列或组合而在产品的表面构成的图形;图案可以通过绘图或其他能够体现设计者的图案设计构思的手段制作。

色彩:是指用于产品上的颜色或者颜色的组合,制造该产品所用材料的本色不是外观设计的色彩。注意:产品的色彩不能独立构成外观设计,除非产品色彩变化的本身已形成一种图案。例如,多种色块的搭配形成图案。

(2)适于工业应用的富有美感的新设计。适于工业应用,是指该外观设计能应用于产业上并形成批量生产。富有美感,是指在判断是否属于外观设计专利权的保护客体时,关注的是产品的外观给人的视觉感受,而不是产品的功能特性或者技术效果。

四、三类专利的区别

发明专利、实用新型专利和外观设计专利的保护范围不同,如图1-3-1所示。

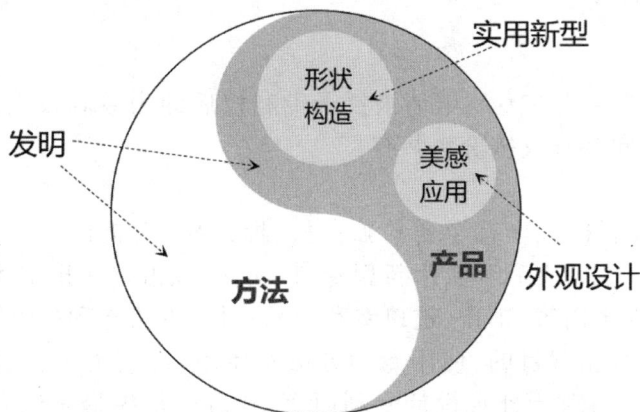

图1-3-1　发明专利、实用新型专利和外观设计专利的保护范围示意图

发明专利可以是方法的发明,也可以是产品的发明。

实用新型专利只能是产品的发明,是为了达到一定的技术功能而对产品的形状、结构或二者结合的发明。

外观设计专利只能是产品的发明,是为了美感而对产品的形状、图案或者二者结合以及色彩与形状、图案的结合设计,且该发明适合工业应用。

➤【案例分析 1-3-1】

A 公司从事肥皂生产,通过对肥皂生产工艺的改进和调整,得到的肥皂密度降低,相同质量体积更大,从而延长使用时间。如果厂家想对这一技术点进行保护,该如何申请?

➤【案例分析 1-3-2】

A 高校和 B 高校成立一个项目组研制抗癌新药,经过 A 高校的王研究员和 B 高校的李研究员的长期实验,终于成功研制出治疗癌症的新型药物 X。为了保护配方,特向国家申请专利,该如何申请?

➤【案例分析 1-3-3】

A 公司发明了一种新的环保材料,其具有更好的黏度和韧性,同时由于这些特性,在制备这种新环保材料时很容易出现粘刀的现象。为此,A 公司对原来的切刀设备的结构进行了改进,从而很好地解决了这一问题。如果 A 公司想对这一技术点进行保护,该如何申请?

第四节　专利申请注意事项

一、相关主体

1. 专利权人

专利权人是指申请人在专利申请被授予专利权后即为专利权人,专利权可以由两个以上的权利人共同共有或按份额共有。

(1)权利方面

在权利方面,专利权人享有专利的独占权、标记权、实施权和处分权。首先,独占权。对于产品专利(发明专利和实用新型专利)而言,独占权是指禁止他人为生产经营目的,制造、使用、许诺销售、销售、进口专利产品;对于方法专利(发明专利)而言,独占权是禁止他人为生产经营目的,使用专利方法及使用、许诺销售、销售、进口依照专利方法直接获得的产品;对于外观设计专利而言,独占权是指禁止他人为生产经营目的制造、销售、进口外观设计产品。其次,标记权。标记权是指专利权人有权在产品或者产品的包装上标明专利标记和专利号。再次,实施权。实施权是指专利权人实施、许可他人实施的权利(独占许可、排他许可和普通许可)。最后,处分权。处分权是指转让专利权、赠与专利权、放弃专利权；其中转让和赠与专利权应当登记、公告，向外国人转让专利权须经商务部、科技部批准。

（2）义务方面

在义务方面，专利权人承担缴纳专利年费和实施专利技术的义务。

2. 发明人

发明人是指对发明创造的实质性特点做出创造性贡献的人，即对专利权利要求中所请求保护的技术方案做出贡献的人。而只负责组织工作，为物质技术条件提供方便或者从事其他辅助工作的人不是发明人。因此，发明人应当是个人，不能是单位，在专利请求书中发明人处不得填写单位或者集体。

发明人在专利申请文件中享有署名的权利。在非职务发明创造的情况下，发明人还有权申请专利；在职务发明创造的情况下，发明人还享有奖励和报酬的权利。署名权是人身权，不可转让、继承。发明人在申请文件中署名应为真实姓名，不得使用笔名或者其他非正式的姓名，但可以请求专利局不公布其姓名。专利涉及多个发明人，应当按自左向右顺序填写。

发明人请求专利局不公布其姓名，需在提出专利申请时请求不公布发明人姓名，应在请求书"发明人"一栏注明"不公布姓名"。不公布姓名的请求提出后，经审查认为符合规定的，专利局在专利公报、专利申请单行本、专利单行本以及专利证书中均不公布其姓名，并在相应位置注明"请求不公布姓名"字样，发明人也不得再请求重新公布其姓名。提出专利申请后请求不公布发明人姓名的，应当提交由发明人签字或者盖章的书面声明，但是专利申请进入公布准备后才提出该请求的，视为未提出请求，审查员应当发出视为未提出通知书。外国发明人中文译名中可使用外文缩写字母，姓和名间用圆点分开，圆点置于中间位置，如 M·琼斯。

3. 申请人

申请人是指根据专利法的规定，有资格申请专利的人。即依法享有发明创造的单位或者个人向国务院专利行政部门提出专利申请，请求依法保护其发明创造。

申请人是本国人。职务发明，申请专利的权利属于单位，即单位是申请人；非职务发明，申请专利的权利属于发明人，即发明人为申请人。

申请人是外国人、外国企业或外国其他组织。在中国有经常居所或者营业所的外国人，在中国没有经常居所或者营业所的外国人、外国企业或外国其他组织在中国申请专利，依据共同参加的国际条约、双边协议、互惠原则、《巴黎公约》（全称为《保护工业产权巴黎公约》）国民待遇原则；非巴黎公约国民，依据双边协议；不属于上述情况，依据互惠原则。其中，在中国无经常居所或者营业所的外国人、外国企业或其他外国组织申请专利时，必须委托涉外代理机构办理；经常居所是指有居留权；营业所是指经登记开展经营性业务；所属国包括国籍国和居住国；无国籍视同外国人。

本国申请人与外国申请人共同申请专利，分别适用对本国申请人和外国申请人的规定；共同申请的专利，以第一署名人为准。

4.专利权人与申请人和发明人的区别

在介绍专利权人与申请人和发明人的区别之前,我们先理解职务发明创造和非职务发明创造的含义。

职务发明创造是指执行本单位的任务或主要利用本单位的物质条件所完成的发明创造。其一,执行本单位的任务是指在本职工作中做出的发明创造,履行本职工作以外的单位交付的任务做出的发明创造,退休、退职或调动工作后一年内做出的与在原单位承担的本职工作或者分配的任务有关的发明创造;本单位的职工包括法人和非法人,本单位包含临时工作单位。其二,主要利用本单位的物质技术条件完成的发明创造中物质技术条件是指本单位的资金、设备、零部件、原材料、不对外公开的技术资料等,即指没有本单位的物质技术条件就无法完成发明创造。这种情况下,若无合同约定的发明创造是职务发明创造;若有合同约定的发明创造,按照合同的规定确定其类型(可以是职务发明创造,也可以是非职务发明创造,也可以共同申请)。

职务发明创造申请专利的权利及取得专利的归属。职务发明创造申请专利的权利属于单位,申请被批准后,该单位为专利权人;若主要利用本单位的物质技术条件的发明创造,但有合同约定,则按照合同规定来确定专利权的归属。

非职务发明创造是指除职务发明创造外,其他的发明创造。

非职务发明创造申请专利的权利及取得专利的归属。发明人或设计人有申请和取得专利的权利。其中,合作完成和委托开发完成的发明创造,若有协议规定的发明创造,则按照协议确定专利权的归属;若无协议规定的发明创造,专利权归属于完成或者共同完成发明创造的单位或者个人。委托人可以免费实施该专利,转让专利申请权,共同完成的单位或者个人、委托人有以同等条件优先受让的权利。

(1)在权利方面的区别

就职务发明而言,专利权人与申请人相同,均是单位,而与发明人不同。专利权人具有申请专利的权利及处分专利的权利;发明人不具有申请和处分其专利的权利,仅享有该专利的署名权和获得奖酬权。就非职务发明而言,专利权人、申请人和发明人三人相同,均为个人。专利权人同时具有申请专利的权利、处分专利的权利、享有专利的署名权和奖酬权。

(2)在义务方面的区别

就职务发明而言,专利权人与申请人相同,均是单位,需承担按时缴纳专利年费,进而维护专利有效性的义务,而发明人不用承担此义务。就非职务发明而言,专利权人、申请人和发明人相同,均为个人,需要承担按时缴纳专利年费的义务。

5.联系人和代表人

(1)联系人

申请人是单位且未委托专利代理机构,应当填写联系人,联系人是代替该单位接收专利局所发信函的收件人。联系人应当是本单位的工作人员,必要时审查员可以要求申请人出具证明。申请人为个人且需由他人代收专利局所发信函的,也可以填写联系人。联系人只能填写一人。填写联系人,还需要同时填写联系人的通信地址、邮政编码和电话号码。

（2）代表人

申请人有两人以上且未委托专利代理机构,除另有规定或请求书中另有声明外,以第一署名申请人为代表人。请求书中另有声明的,所声明的代表人应当是申请人之一。除直接涉及共有权利的手续外,代表人可以代表全体申请人办理在专利局的其他手续。直接涉及共有权利的手续包括:提出专利申请,委托专利代理,转让专利申请权、优先权或者专利权,撤回专利申请,撤回优先权要求,放弃专利权等。直接涉及共有权利的手续应当由全体权利人签字或者盖章。

6. 专利代理机构和专利代理人

（1）专利代理机构

专利代理机构应当依照专利代理条例的规定经国家知识产权局批准成立。

专利代理机构的名称应当使用其在国家知识产权局登记的全称,并且要与加盖在申请文件中的专利代理机构公章上的名称一致,不得使用简称或者缩写。请求书中还应当填写国家知识产权局给予该专利代理机构的机构代码。

（2）专利代理人

专利代理人,是指获得专利代理人资格证书、在合法的专利代理机构执业,并且在国家知识产权局办理了专利代理人执业证的人员。在请求书中,专利代理人应当使用其真实姓名,同时填写专利代理人执业证号码和联系电话。一件专利申请的专利代理人不得超过两人。

7. 合法继承人或继受人

合法继承人或继受人是指通过继承或转让获得申请权的人。但须注意的是,申请日前转让发明创造是技术转让;申请日后转让专利申请权,办理登记和公告,登记日生效。

二、相关日程

1. 申请日

申请日是从专利申请文件递交到国务院专利行政部门之日算起;如果申请文件是邮寄的,以寄出的邮戳日为申请日,即以实际提交日期或者邮寄日期为准。其中,邮戳不清楚的,除申请人提交证明外,以专利局收到日为准;规定的专利申请文件齐备,给予申请日;同日提出相同申请的,由申请人协商解决,可以共同申请,也可以由一方申请,协商不成的,则放弃申请。《专利法》所称的申请日,除专利法第二十八条、第四十二条外,有优先权的,指优先权日。《中华人民共和国专利法实施细则》(简称《专利法实施细则》)所称申请日,除另有规定的外,指专利法第二十八条规定的申请日(实际申请日)。申请日的作用包括确定谁是先申请人、确定优先权日、判断专利授权条件的时间界限、请求实质审查期限的起算日、发明专利申请公布的计算日、专利权期限的起算日、缴纳发明专利申请维持费的期限起算日和缴纳专利年费的起算日。

2.公开日

公开日是发明专利特有的日期,实用新型专利和外观专利设计没有公开日。公开日是指专利部门收到发明专利申请后,经初步审查认为符合专利法要求的,自申请日起满十八个月,即行公布的日子;可以根据申请人的请求早日公布。专利公开是发明专利申请所特有的一个程序,就是表明在这一天这个专利申请公开了,但并不代表公众可以随意使用这个专利。

3.授权公告日

授权公告日是指专利部门做出授予专利权的决定,发给专利证书,同时予以登记和公告的日子。专利权自公告之日起生效。

三、优先权和优先权日

1.优先权

优先权是指专利申请人就其发明创造第一次在某国提出专利申请后,在法定期限内,又在中国以相同主题的发明创造提出专利申请,根据有关法律规定,其在后申请以第一次专利申请的日期作为其申请日,专利申请人依法享有的这种权利,就是优先权。实施专利优先权的目的在于,排除在其他国家抄袭此专利的人抢先提出申请和取得注册的可能性。要求优先权是指申请人根据《专利法》第二十九条规定向专利局要求以其在先提出的专利申请为基础享有优先权。申请人要求优先权应当符合《专利法》第二十九条、第三十条,《专利法实施细则》第三十一条、第三十二条以及《巴黎公约》的有关规定。

要求优先权声明:

申请人要求优先权,应在提出专利申请的同时在请求书中声明;未在请求书中提出声明,视为未要求优先权。申请人在要求优先权声明中应写明作为优先权基础的在先申请文件的申请日、申请号和原受理机构名称。要求多项优先权的,申请人在要求优先权声明中应写明作为优先权基础的全部在先申请文件的申请日、申请号和原受理机构名称。

优先权分为本国优先权和外国优先权。

本国优先权:是指申请人就相同主题的发明或者实用新型在中国第一次提出专利申请之日起十二个月内,又以该发明专利申请为基础向专利局提出发明专利申请或者实用新型专利申请的,或者又以该实用新型专利申请为基础向专利局提出实用新型专利申请或者发明专利申请的,可以享有优先权。

外国优先权:是指申请人就相同主题的发明或者实用新型在外国第一次提出专利申请之日起十二个月内,或者就相同主题的外观设计在外国第一次提出专利申请之日起六个月内,又在中国提出申请的,依照该国同中国签订的协议或者共同参加的国际条约,或者依照相互承认优先权的原则,可以享有优先权。注意,外国优先权包括外观设计专利。

要求和理解本国优先权,应当注意:

（1）在先申请应当是发明或者实用新型专利申请，不应当是外观设计专利申请，也不应当是分案申请，但外国优先权包括外观设计专利。

（2）在先申请的主题没有要求过外国优先权或者本国优先权，或者虽然要求过外国优先权或者本国优先权，但未享有优先权。

（3）在先申请的主题，尚未授予专利权。

（4）要求优先权的在后申请是在其在先申请的申请日起十二个月内提出的，优先权才有效，过期则无效。对于要求多项优先权的，以最早的在先申请的申请日为时间判断基准，即要求优先权的在后申请的申请日是在最早的在先申请的申请日起十二个月内提出的。

（5）专利申请人所提出的先后两份申请如果在同一个国家，专利申请人所享有的优先权为本国优先权；如果在不同国家，则为外国优先权。

（6）优先权是专利申请权的一项附属权利，没有专利申请权也就没有优先权；只有在专利申请人提出了专利申请后，专利申请权才可能衍生出优先权。

（7）优先权不能自动产生，即专利申请人在提出在后申请时主张优先权的，必须在提出在后申请的同时提出优先权要求申请，并按规定提交了相应的有效证明文件，经审查合格后，才能产生优先权。

（8）要求优先权的在后申请与在先基础申请必须具有相同的主题，但在后申请的主题可以是在先基础申请的改进。

（9）不是第二次申请的全部内容都享有优先权；不同于第一次申请的内容不享有优先权。

（10）优先权客观上可起到延长专利保护期限的作用。保护期限从第二次申请日期算起。

（11）要求优先权的，应当在缴纳申请费的同时缴纳优先权要求费。

（12）申请人要求优先权之后，可以撤回优先权要求。申请人要求多项优先权之后，可以撤回全部优先权要求，也可以撤回其中某一项或者几项优先权要求。

2．优先权日

《巴黎公约》第四条 A 款第（1）项规定："在本联盟的任何一个国家正式提出发明专利、实用新型专利或者外观设计专利注册申请的任何人或者权利继受人，从最初的申请日（称为'优先权日'）起，在一定期间（称为'优先权期间'）内，在联盟的其他成员国提出的同样的内容的申请（'专利申请日'）的应当享有优先权。"

四、"先申请制"和"先发明制"原则

对提出的同样的发明创造的专利申请，有的国家实行先申请制，有的国家实行先发明制。我国实行先申请制原则。

先申请制是指两个以上的申请人就同样内容的发明创造申请专利，专利权授予最先申请的个人或单位。

先发明制是指两个以上的申请人就同样内容的发明创造申请专利，专利权授予最

先完成发明的人。

五、发明和实用新型专利申请条件

根据《专利法》第二十二条第一款规定,授予专利权的发明和实用新型应具备新颖性、创造性和实用性。

1.新颖性

新颖性是指该发明或者实用新型专利不属于现有技术;也没有任何单位或者个人就同样的发明或者实用新型专利在申请日以前向专利局提出过申请,并记载在申请日以后(含申请日)公布的专利申请文件或者公告的专利文件中。发明或者实用新型专利申请是否具备新颖性,只有在其具备实用性后才予以考虑。

现有技术,是指申请日以前在国内外为公众所知的技术(《专利法》第二十二条第五款)。现有技术包括在申请日(有优先权的,指优先权日)以前在国内外出版物上公开发表、在国内外公开使用或者以其他方式为公众所知的技术。现有技术应当是在申请日以前公众能够得知的技术内容。换句话说,现有技术应当在申请日以前处于能够为公众获得的状态,并包含有能够使公众从中得知实质性技术知识的内容。应当注意,处于保密状态的技术内容不属于现有技术。所谓保密状态,不仅包括受保密规定或协议约束的情形,还包括社会观念或者商业习惯上被认为应当承担保密义务的情形,即默契保密的情形。然而,如果负有保密义务的人违反规定、协议或者默契泄露秘密,导致技术内容公开,使公众能够得知这些技术,这些技术也就构成了现有技术的一部分。

现有技术的时间界限是申请日,享有优先权的,则指优先权日。广义上说,申请日以前公开的技术内容都属于现有技术,但申请日当天公开的技术内容不包括在现有技术范围内。

现有技术公开方式包括出版物公开、使用公开和以其他方式公开,均无地域限制。其中,专利法意义上的出版物是指记载有技术或设计内容的独立存在的传播载体,并且应当表明或者有其他证据证明其公开发表或出版的时间。使用公开是指由于使用而导致技术方案的公开,或者导致技术方案处于公众可以得知的状态;但是,未给出任何有关技术内容的说明,以致所属技术领域的技术人员无法得知其结构和功能或材料成分的产品展示,不属于使用公开;如果使用公开的是一种产品,即使所使用的产品或者装置需要经过破坏才能够得知其结构和功能,也仍然属于使用公开。为公众所知的其他方式,主要是指口头公开等;如,口头交谈、报告、讨论会发言、广播、电视、电影等能够使公众得知技术内容的方式。

关于新颖性应注意:

(1)不要让自己的行为造成新颖性的丧失。即,先申请专利后再发表论文、先申请专利后再进行成果鉴定、先申请专利后再上市销售。

(2)不丧失新颖性的公开。根据《专利法》第二十四条的规定,申请专利的发明创造在申请日(享有优先权的指优先权日)之前六个月内有下列情况之一的,不丧失新颖性：①在中国政府主办或者承认的国际展览会上首次展出的；②在规定的学术会议或者技术会议上首次发表的；③他人未经申请人同意而泄露其内容的。在三种情况下，申请人要求不丧失新颖性宽限期的，应当在提出申请时在请求书中声明，并在自申请日起两个月内提交证明材料。其中，中国政府主办的国际展览会，包括国务院、各部委主办或者国务院批准由其他机关或者地方政府举办的国际展览会。中国政府承认的国际展览会，是指国际展览会公约规定的由国际展览局注册或者认可的国际展览会；所谓国际展览会，即展出的展品除了举办国的产品以外，还应当有来自外国的展品；规定的学术会议或者技术会议，是指国务院有关主管部门或者全国性学术团体组织召开的学术会议或者技术会议，不包括省以下或者受国务院各部委或者全国性学术团体委托或者以其名义组织召开的学术会议或者技术会议。在后者所述的会议上的公开将导致丧失新颖性，除非这些会议本身有保密约定。他人未经申请人同意而泄露其内容所造成的公开，包括他人未遵守明示或者默示的保密信约而将发明创造的内容公开，也包括他人用威胁、欺诈或者间谍活动等手段从发明人或者申请人那里得知发明创造的内容而后造成的公开。

2. 创造性

创造性是指与现有技术相比，该发明有突出的实质性特点和显著的进步。一件发明专利申请是否具备创造性，只有在该发明具备新颖性的条件下才予以考虑。

现有技术是指《专利法》第二十二条第三款所述的现有技术，是指《专利法》第二十二条第五款和本书第一章第四节所提的现有技术。

发明有突出的实质性特点，是指对所属技术领域的技术人员来说，发明相对于现有技术是非显而易见的。如果发明是所属技术领域的技术人员在现有技术的基础上仅通过合乎逻辑的分析、推理或有限的试验可以得到，则该发明是显而易见的，也就不具备突出的实质性特点。

发明有显著的进步，是指发明与现有技术相比能够产生有益的技术效果。例如，发明克服了现有技术中存在的缺点和不足，或者为解决某一技术问题提供了一种不同构思的技术方案，或者代表某种新的技术发展趋势。

所属技术领域的技术人员，也称本领域的技术人员，是指一种假设的"人"，假定他知晓申请日或优先权日之前发明所属技术领域所有的普通技术知识，能够获知该领域中所有的现有技术，且具有应用该日期之前常规实验手段的能力，但他不具有创造能力。如果所要解决的技术问题能促使本领域的技术人员在其他技术领域寻找技术手段，他也应具有从该其他技术领域中获知该申请日或优先权日之前的相关现有技术、普通技术知识和常规实验手段能力。

3. 实用性

实用性是指发明或者实用新型申请专利的主题必须能够在产业上制造或者使用，并且能够产生积极效果。发明或者实用新型专利申请是否具备实用性，应当在新颖性和创造性审查之前首先进行判断。

授予专利权的发明或者实用新型，必须是能够解决技术问题，并且能够应用的发明或者实用新型。换句话说,如果申请的是一种产品(包括发明和实用新型),那么该产品必须在产业中能够制造,并且能够解决技术问题;如果申请的是一种方法(仅限发明),那么这种方法必须在产业中能够使用,并且能够解决技术问题。只有满足上述条件的产品或者方法专利申请才可能被授予专利权。

产业包括工业、农业、林业、渔业、畜牧业、交通运输业以及文化体育、生活用品和医疗器械等行业。

在产业上能够制造或者使用的技术方案,是指符合自然规律、具有技术特征的任何可实施的技术方案。这些方案并不一定意味着使用机器设备,或者制造一种物品,还可以包括例如驱雾的方法,或者将能量由一种形式转换成另一种形式的方法。

能够产生积极效果,是指发明或者实用新型专利申请在提出申请之日,其产生的经济、技术和社会效果是所属技术领域的技术人员可以预料到的。这些效果应当是积极的和有益的。

综上,发明和实用新型专利授予专利权要具备"三性"条件,分别是新颖性、创造性和实用性,审查顺序依次为实用性、新颖性和创造性。

六、抵触申请

抵触申请是指根据《专利法》第二十二条第二款的规定,在发明或者实用新型新颖性的判断中,由任何单位或者个人就同样的发明或者实用新型在申请日以前向专利局提出并且在申请日以后(含申请日)公布的专利申请文件或者公告的专利文件损害该申请日提出的专利申请的新颖性。为描述简便,在判断新颖性时,将这种损害新颖性的专利申请,称为抵触申请。抵触申请还包括满足以下条件的、进入了中国国家阶段的国际专利申请,即申请日以前由任何单位或者个人提出并在申请日之后(含申请日)由专利局做出公布或公告的且为同样的发明或者实用新型的国际专利申请。另外,抵触申请仅指在申请日以前提出的,不包含在申请日提出的同样的发明或者实用新型专利申请。

判断发明的新颖性时,必须考虑抵触申请;判断发明的创造性时,不必考虑抵触申请。

七、对比文件

对比文件是指为判断发明或者实用新型是否具备新颖性或创造性等所引用的相关文件,包括专利文件和非专利文件,统称为对比文件。

由于在实质审查阶段审查员一般无法得知在国内外公开使用或者以其他方式为公众所知的技术,因此在实质审查程序中所引用的对比文件主要是公开出版物。

引用的对比文件可以是一份,也可以是数份;所引用的内容可以是每份对比文件的全部内容,也可以是其中的部分内容。

对比文件是客观存在的技术资料。引用对比文件判断发明或者实用新型的新颖性和创造性等时,应当以对比文件公开的技术内容为准,该技术内容不仅包括明确记载在对比文件中的内容,而且包括对于所属技术领域的技术人员来说,隐含地且可直接地、毫无疑义地确定的技术内容;但是,不得随意将对比文件的内容扩大或缩小。另外,对比文件中包括附图的,也可以引用附图;但是,审查员在引用附图时必须注意,只有能够从附图中直接地、毫无疑义地确定的技术特征才属于公开的内容,由附图中推测的内容,或者无文字说明、仅仅是从附图中测量得出的尺寸及其关系,不应当作为已公开的内容。

八、外观设计专利申请条件

根据《专利法》第二十三条第一款的规定,授予专利权的外观设计,应当不属于现有设计;也没有任何单位或者个人就同样的外观设计在申请日以前向国务院专利行政部门提出过申请,并记载在申请日以后公告的专利文件中。

不属于现有设计,是指在现有设计中,既没有与涉案专利相同的外观设计,也没有与涉案专利实质相同的外观设计。在涉案专利申请日以前任何单位或者个人向专利局提出并且在申请日以后(含申请日)公告的同样的外观设计专利申请,称为抵触申请。其中,同样的外观设计是指外观设计相同或者实质相同。

判断对比设计是否构成涉案专利的抵触申请时,应当以对比设计所公告的专利文件全部内容为判断依据。与涉案专利要求保护的产品的外观设计进行比较时,判断对比设计中是否包含与涉案专利相同或者实质相同的外观设计。例如,涉案专利请求保护色彩,对比设计所公告的为带有色彩的外观设计,即使对比设计未请求保护色彩,也可以将对比设计中包含该色彩要素的外观设计与涉案专利进行比较;又如,对比设计所公告的专利文件含有使用状态参考图,即使该使用状态参考图包含不要求保护的外观设计,也可以将其与涉案专利进行比较,判断是否为相同或者实质相同的外观设计。

(1)外观设计相同,是指涉案专利与对比设计是相同种类产品的外观设计,并且涉案专利的全部外观设计要素与对比设计的相应设计要素相同,其中外观设计要素是指形状、图案以及色彩。如果涉案专利与对比设计仅属于常用材料的替换,或者仅存在产品功能、内部结构、技术性能或者尺寸的不同,而未导致产品外观设计的变化,二者仍属于相同的外观设计。在确定产品的种类时,可以参考产品的名称、国际外观设计分类以及产品销售时的货架分类位置,但是应当以产品的用途是否相同为准。

相同种类产品,是指用途完全相同的产品。例如,机械表和电子表尽管内部结构不同,但是它们的用途是相同的,所以属于相同种类的产品。

外观设计要素是指形状、图案以及色彩。

形状的判断,对于产品外观设计整体形状而言,圆形和三角形、四边形相比,其形状有较大差异,通常不能认定为实质相同,但产品形状是惯常设计的除外。对于包装盒这类产品,应当以其使用状态下的形状作为判断依据。

图案的判断,图案不同包括题材、构图方法、表现方式及设计纹样等因素的不同,色彩的不同也可能使图案不同。如果题材相同,但其构图方法、表现方式、设计纹样不相同,则通常也不构成图案的实质相同。产品外表出现的包括产品名称在内的文字和数字应当作为图案予以考虑,而不应当考虑字音、字义。

色彩的判断,对色彩的判断要根据颜色的色相、纯度和明度三个属性以及两种以上颜色的组合、搭配进行综合判断。色相是指各类色彩的相貌称谓,例如朱红、湖蓝、柠檬黄、粉绿等;纯度即彩度,指色彩的鲜艳程度;明度是指色彩的亮度。白色明度最高,黑色明度最低。单一色彩的外观设计仅作色彩改变,两者仍属于实质相同的外观设计。

(2)外观设计实质相同,其判断仅限于相同或者相近种类的产品外观设计。对于产品种类不相同也不相近的外观设计,不进行涉案专利与对比设计是否实质相同的比较和判断,即可认定涉案专利与对比设计不构成实质相同。例如,毛巾和地毯的外观设计。相近种类的产品,是指用途相近的产品。例如,玩具和小摆设的用途是相近的,两者属于相近种类的产品。应注意的是,当产品具有多种用途时,如果其中部分用途相同,而其他用途不同,则二者应属于相近种类的产品。如带MP3的手表与手表都具有计时的用途,二者属于相近种类的产品。

如果一般消费者经过对涉案专利与对比设计的整体观察可以看出,二者的区别仅属于下列情形,则涉案专利与对比设计实质相同:

①其区别在于施以一般注意力不能察觉到的局部的细微差异。例如,百叶窗的外观设计仅有具体叶片数不同。

②其区别在于使用时不容易看到或者看不到的部位,但有证据表明在不容易看到的部位的特定设计对于一般消费者能够产生引人瞩目的视觉效果的情况除外。

③其区别在于将某一设计要素整体置换为该类产品的惯常设计的相应设计要素。例如,将带有图案和色彩的饼干桶的形状由正方体置换为长方体。

④其区别在于将对比设计作为设计单元按照该种类产品的常规排列方式做重复排列或将其排列的数量做增减变化。例如,将影院座椅成排重复排列或将其成排座椅的数量做增减。

⑤其区别在于互为镜像对称。

九、不授予专利权的特殊情况

对发明创造授予专利权必须有利于推动其应用,提高创新能力,促进我国科学技术进步和经济社会发展。考虑到国家和社会利益,《专利法》还对专利保护的范围做了某些限制性规定。一方面,《专利法》第五条规定,对违反法律、社会公德或者妨害公共利益的发明创造不授予专利权;对违反法律、行政法规的规定获取或者利用遗传资源,并依赖该遗传资源完成的发明创造不授予专利权。另一方面,《专利法》第二十五条规定了不授予专利权的客体,具体如下:

①违反法律的发明创造。如用于赌博的设备、机器或工具;吸毒器具;伪造国家货币、票据、公文、证件、印章、文物的设备等都属于违反法律的发明创造,不能被授予专利权。

②违反社会公德的发明创造。如带有暴力凶杀或淫秽图片或照片的外观设计,非医疗目的的人造性器官或者其替代物,克隆人或克隆人的方法,人胚胎的工业或商业目的的应用。

③妨害公共利益的发明创造。如一种使盗窃者双目失明的防盗装置及方法,发明创造的实施或使用会严重污染环境、严重浪费能源或资源、破坏生态平衡、危害公众健康。

④科学发现。如发现新星,自然科学定理、定律等。

⑤智力活动的规则和方法。如新棋种的玩法、乘法表、比赛规则等。

⑥疾病的诊断和治疗方法,是指以有生命的人体或者动物体为直接实施对象,进行识别、确定或消除病因或病灶的过程。但是,用于实施疾病诊断和治疗方法的仪器或装置,以及在疾病诊断和治疗方法中使用的物质或材料属于可被授予专利权的客体。

⑦动物和植物品种(生产方法除外)。动物和植物是有生命的物体,根据《专利法》第二十五条第一款第(四)项的规定,动物和植物品种不能被授予专利权。

⑧原子核变换方法和用该方法获得的物质。如核弹。

十、专利申请的程序

(1)发明专利采用"实质审查制",审批流程大致包括受理、初步审查、公布、实质审查、授权及公告五个阶段(如图1-4-1所示)。

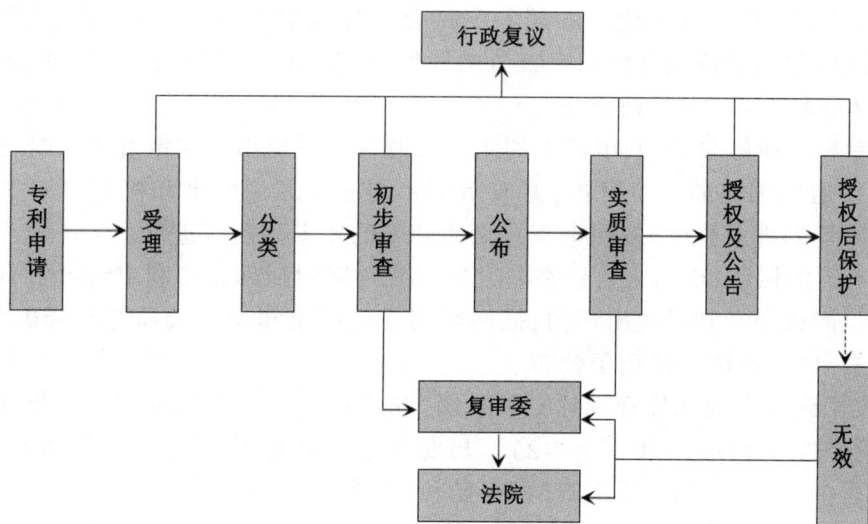

图 1-4-1　发明专利申请的审批流程

发明专利申请的受理,一般自申请日起两个月内受理。专利局受理处及代办处收到专利申请后,应当检查和核对全部文件,做出受理决定。

发明专利申请的初步审查,是受理发明专利申请之后、公布该申请之前的一个必要程序,初步审查的主要任务是审查申请人提交的申请文件是否符合《专利法》及其实施细则的规定,审查申请人在提出专利申请的同时或者随后提交的与专利申请有关的其他文件是否符合《专利法》及其实施细则的规定,审查申请人提交的与专利申请有关的其他文件是否在《专利法》及其实施细则规定的期限内或者专利局指定的期限内提交,审查申请人缴纳的有关费用的金额和期限是否符合《专利法》及其实施细则的规定,费用未缴纳或者未缴足或者逾期缴纳的。

发明专利申请的公布,国务院专利行政部门收到发明专利申请后,经初步审查认为符合本法要求的,自申请日起满十八个月,即行公布。国务院专利行政部门可以根据申请人的请求早日公布其申请。

发明专利申请的实审,发明专利申请自申请日起三年内,国务院专利行政部门可以根据申请人随时提出的请求,对其申请进行实质审查;对发明专利申请进行实质审查的目的在于确定发明专利申请是否应当被授予专利权,特别是确定其是否符合《专利法》有关新颖性、创造性和实用性的规定。

发明专利申请的授权,发明专利申请经实质审查没有发现驳回理由的,由国务院专利行政部门做出授予发明专利权的决定,申请人收到通知之日起两个月内办理登记手续,授予专利权,颁发专利证书并予以公告;逾期未办理登记的,视为放弃取得专利的权利。

复审请求,复审程序是因申请人对驳回决定不服而启动的救济程序,同时也是专利审批程序的延续。专利申请人可以向专利复审委员会提出复审请求。请求复审的时间是在收到专利局做出的驳回决定之日起三个月内,专利申请人可以向专利复审委员会提出复审请求,提出复审请求的期限不符合上述规定的,复审请求不予受理。复审委员会的决定包括维持或者撤销审查员的驳回决定。对复审决定不服的救济,可在三个月内向人民法院起诉(行政诉讼)。

发明专利申请修改,发明申请人的主动修改时间是提出实质审查请求时,或收到进入实审阶段通知书起的三个月内;修改范围不得超出原说明书和权利要求书的范围。发明专利申请的被动修改,按照审查意见通知书的要求和期限进行。

专利申请的撤回,申请人可以在专利授权之前随时撤回其专利申请;撤回申请应当向国家知识产权局专利局提出声明;撤回声明是在国家知识产权局专利局做好印刷准备工作后提出的,申请文件仍予公布。

(2)实用新型专利和外观设计专利采用"初步审查制",审批流程包括受理、初步审查、授权及公告三个阶段(见图1-4-2)。与发明专利相比,实用新型专利和外观设计专利审批流程中无"公布和实质审查"两个阶段,其余阶段相同。

实用新型和外观设计专利申请修改,其主动修改时间是自申请日起两个月内;修改范围不得超出原说明书和权利要求书记载的范围,不得超出原图片或照片表示的范围。实用新型专利申请的被动修改,按照审查意见通知书的要求和期限进行。

十一、专利申请的审查时间和授权权利的保护时间

专利申请的审查时间和授权权利的保护时间,如表1-4-1所示。

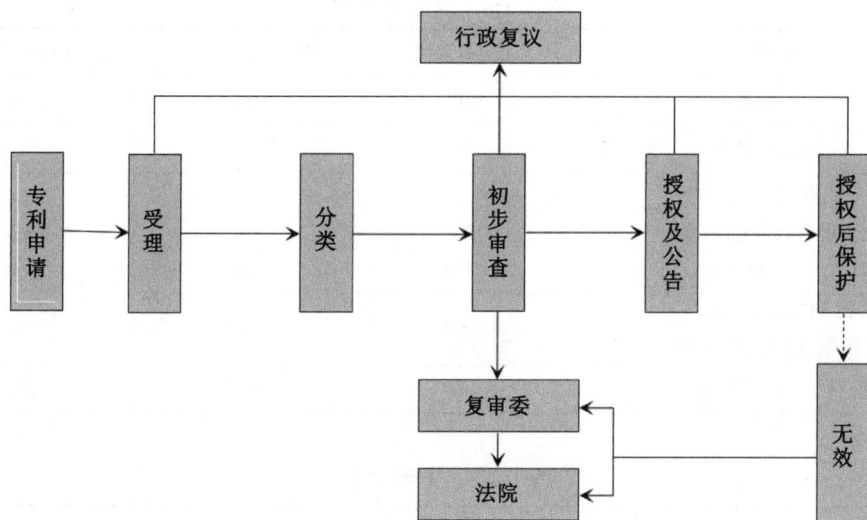

图 1-4-2　实用新型专利和外观设计专利申请的审批流程

表 1-4-1　专利申请的审查时间和授权权利的保护时间

专利类型	审查时间	保护时间
发明专利	6~18 个月	20 年,自申请日计算
实用新型专利	9~11 个月	10 年,自申请日计算
外观设计专利	5~7 个月	10 年,自申请日计算

十二、专利申请的途径

可直接到国家知识产权局(或当地代办处)申请专利,或委托专利代理机构代办专利申请。

十三、专利缴费

专利缴费包括专利申请费、年费、实质审查费、复审费和著录事项变更费等(见表1-4-2~1-4-4)。

实质审查费。申请人要求实质审查的,应提交实质审查请求书并缴纳实质审查费,其费用为 2500 元。实质审查费的缴纳期限是自申请日(有优先权要求的,自最早的优先权日)起三年内,未在规定的期限内缴纳或缴足的,专利申请视为撤回。注意,实用新型专利和外观设计专利没有实质审查费。

复审费。申请人对专利局的驳回决定不服提出复审,应提交复审请求书并缴纳复审费,发明专利 1000 元,实用新型和外观设计专利均为 300 元。复审费缴纳期限是自申请人收到专利局做出驳回申请决定之日起三个月内;未在规定期限内缴纳或缴足的,复审请求视为未提出。

表 1-4-2 专利申请费

（人民币:元）	发明专利	实用新型专利	外观设计专利
申请费	900	500	500
文件印刷费	50		
说明书附加费 从第 31 页起每页 从第 301 页起每页	50 100	50 100	50 100
权利要求附加费 从第 11 项起每项	150	150	150
优先权要求费每项	80	80	80

表 1-4-3 专利年费

收费项目	年	发明专利	年	实用新型专利	外观设计专利	期限
年费	1~3	900	1~3	600	600	除授予专利权当年的年费应在办理登记手续的同时缴纳，以后的年费在前一年度期满前一个月内预存，可在年费期满之日起 6 个月内补缴
	4~6	1200	4~5	900	900	
	7~9	2000	6~8	1200	1200	
	10~12	4000	9~10	2000	2000	
	13~15	6000				
	16~20	8000				
年费滞纳金	每超过规定的缴费时间 1 个月，加收当年全额年费的 5%				自应当缴纳年费期满之日起 6 个月内补缴，同时缴纳滞纳金	

表 1-4-4 著录事项变更费等

（人民币:元）	发明专利	实用新型专利	外观设计专利
著录事项变更手续费: 发明人、申请人、专利权人变更	200	200	200
专利代理机构、 代理人委托关系变更	50	50	50
中止程序请求费	600	600	600
无效宣告请求费	3000	1500	1500
强制许可请求费	300	200	
强制许可使用费	300	300	

专利费用的减缓。申请人或者专利权人缴纳专利费用确有困难,可请求减缓。可减缓的费用包括五种:申请费(其中印刷费、附加费不予减缓)、发明专利申请审查费、复审费、发明专利申请维持费、自授予专利权当年起三年的年费,其他费用不予减缓。请求减缓专利费用的,应当提交费用减缓请求书,如实填写经济收入状况,必要时还应附具有关证明文件。

第二章

专利检索

第一节 检索的意义

检索是发明专利申请实质审查程序中一个关键步骤,其目的在于找出与申请的主题密切相关或者相关的现有技术中的对比文件,或者找出抵触申请文件和防止重复授权的文件,以确定申请的主题是否具备《专利法》第二十二条第二款和第三款规定的新颖性和创造性,或者是否符合《专利法》第九条第一款的规定。每一件发明专利申请在被授予专利权前都应当进行检索。

专利检索是专利申请的必经之路,其主要作用如下:

(1)对相关技术方案做一个预先检索,看是否具备授权的前景。

(2)检索得到最接近的现有技术,在撰写专利申请文件时,可避开其公开的范围,从而获得专利权。

(3)自我保护、规避风险。进行相关专利检索,对申请方案进行侵权检索或规避设计等。

(4)查新、考证。及时了解最新技术研究进展,启发思路提高科研起点;获得科研支持资金。根据欧洲专利局的统计,欧洲每年大约要浪费 200 亿美元用于重复项目的开发投资。若能充分利用专利文献,则能节约出 40% 的研发经费用于高水平的研究工作,同时为科研人员节约时间,少走弯路。

(5)跟踪、预测。连续跟踪一项技术的发展情况,把握竞争对手、同行的研究进展,洞察技术发展趋势,预测技术发展动向。

(6)市场调研。进行同族专利检索,了解某专利技术的保护范围及国际市场等。

第二节 检索资料

一、检索用的专利文献

发明专利申请实质审查程序中的检索,主要在专利文献中进行。

检索用的专利文献主要包括:电子形式(机检数据库和光盘)的多国专利文献;纸件形式的、按国际专利分类号排列的审查用检索文档和按流水号排列的各国专利文献;缩微胶片形式的各国专利文献。专利局的电子形式的专利文献主要包括:中国发明专利申请公开说明书、中国发明专利说明书、中国实用新型专利说明书、欧洲专利申请公开说明书、专利合作条约的国际专利申请公开说明书、美国专利说明书、日本专利申请公开说明书和日本实用新型专利说明书及多国专利分类文摘等。专利局的纸件形式的专利文献主要包括:中国发明专利申请公开说明书、中国发明专利说明书、中国实用新型专利说明书、美国专利说明书、欧洲专利申请公开说明书、专利合作条约的国际专利申请公开说明书及多国专利分类文摘等。

二、检索用的非专利文献

非专利文献主要包括:电子或纸件等形式的国内外科技图书、期刊、索引工具及手册等。

三、检索网站

国际上重要的专利检索网站如下:

中国国家知识产权局(https://www.cnipa.gov.cn/col/col1510/index.html)

世界知识产权组织(https://www.wipo.int/patentscope/en/)

美国专利商标局数据服务网站(https://www.uspto.gov/patents)

欧洲专利局数据服务网站(https://www.epo.org/searching-for-patents.html)

日本工业所有权情报研修馆 (https://www.inpit.go.jp/english/distri/standard/index.html)

日本特许情报机构(https://japio.or.jp/english/service/index.html)

韩国专利信息研究院(http://www.kipi.or.kr/cmm/main/mainEng.do)

俄罗斯专利局(https://www.fips.ru/ensite/)

第三节　重要概念

专利文献的表现形式分为基本专利、同等专利、同族专利和非法定相同专利。

一、专利文献的表现形式

(一)基本专利

基本专利,是指申请人就一项发明在最先的一个国家申请的专利。基本专利是指专利机关根据申请人的原始申请授予的独立的、不依附于其他专利的最原始的专利,基本专利亦称"主专利""支配专利"。也可以理解为两个相互依存的专利中,最先取得专利保护的专利;它是另一项获得专利保护的专利发明的基本,或者说该后一项专利是在先取得专利保护专利的基础上的改进,后者对前者是从属的、改进的专利,而将前者称为基本专利。

基本专利的特点。在国际技术贸易中,基本专利的所有人控制着从属专利所有人的专利实施,以及向他人授予专利的使用许可,从属专利所有人如欲实施或向他人授予使用许可,必须事先征得基本专利所有人的同意,否则即构成对基本专利所有人权利的侵犯。凡在基本专利之后授予的与其主题相关的专利,如增补专利、改进专利、输入专利、登记专利等都受基本专利的支配。未得到基本专利权人同意而擅自实施这些专利的则构成侵权。基本专利被撤销或宣告无效,与之相关的专利即失去效力。

(二)同等专利

同等专利,是指发明人或申请人就同一个发明在第一个国家以外的其他国家申请的专利(优先权)。即同一申请,用不同文种,向多国递交,从而公开或批准的内容基本相同的专利。理解这个概念,首先需要明白专利权是有地域性的,每个国家授权的专利只在该国范围内生效。例如,中国国家知识产权局授予的专利权只在中国范围内有效。因此,当某技术在很多国家范围内用于生产、销售时,就需要同时获得多国的专利权。例如,在美国、德国、日本、俄罗斯等国同时提出同一个技术内容的专利申请,则为同等专利。

(三)同族专利

同族专利,是指某一发明其基本专利和一系列同等专利的内容几乎完全一样,它们构成一个专利族系,称为同族专利(Patent Family)。或,同族专利是指基于同一优先权文件,在不同国家或地区,以及地区间专利组织多次申请、多次公布或批准的内容相同或基本相同的一组专利文献。

检索同族专利的用途是:

(1)避开检索者不懂的语种,读者在阅读专利文献时,经常会遇到专利文献或检索结果由于语言不通而无法阅览的窘况,解决这个问题的最优选方法就是查同族专利;通过同族专利检索,就可以获得用你所熟悉的语言出版的专利文献,从而解决语言障碍问题。

（2）通过同族专利之间相互比较,可获悉那些在基本专利中没有记载的最新技术进展。

（3）获悉申请人就相同发明主题在哪些国家申请了专利及其审批情况和法律状态。

（4）了解同一技术的完善过程和在世界各国的权利状况,为科研、技术引进、产品出口战略服务。对审查员而言,同族专利可以为专利机构审批专利提供参考,审查员在审批专利时,可以借助同族专利共享其他专利机构在审批该相同发明主题专利申请时的检索报告或检索结果,参考其审批结果以及对权利要求保护范围和对申请文件的修改等。

（5）重要的发明创造,通常在多国申请专利保护,其技术发展也最活跃。对于从事技术创新的企业和科研机构来说,不论是在开题准备阶段还是在技术研发过程中都应当在检索或跟踪专利信息时,对同族专利的作用予以特别关注。

检索同族专利的途径有:通过文献代码优先申请号、参考文献号,找出同一申请在不同国家的相同申请、同族申请;通过文献代码申请人姓名,查找同一申请人在不同国家的其他申请;通过德温特公司的"入藏号索引",可以获得其入藏专利在不同国家的全部申请号、专利号。

（四）非法定相同专利

非法定相同专利,是指第一个专利获得批准后,就同一个专利向别国提出相同专利的申请,必须在12个月内完成,超过12个月的则成为非法定专利。

二、专利文献的内在联系

（一）核心专利

核心专利,是指制造某个技术领域的某种产品必须使用的技术所对应的专利,而不能通过一些规避设计手段绕开(见图2-3-1)。核心专利有时候指的是基础专利。

（二）外围专利

外围专利,是指相对于核心专利来说,其研究改进是基于核心专利来进行的。大量申请围绕核心技术专利的改进专利,对核心专利形成包围之势。虽然外围专利的拥有者不能直接使用别人的核心专利(会导致侵权的问题,《专利法》第五十七条),但是在市场上核心专利如果具体实施的时候也会碰到这些外围专利构成的"篱笆",这样就可以形成交叉许可,双方互相使用对方的专利,而不互相诉讼专利侵权(见图2-3-1)。

在商品经济时代,利用技术的更新来占领市场的制高点是一个好的策略,很多发达国家的企业在多个行业都处于技术垄断地位,在全球范围内大量的专利申请保护了先进技术不能被他人未经允许而使用,从而促进这些发达国家企业进一步垄断市场。

发展中国家的企业无法在核心技术上同这些国际大公司竞争,但是并不意味着所有的门都关闭了,其解决办法之一就是利用外围专利这一工具来突围。即,采取"农村

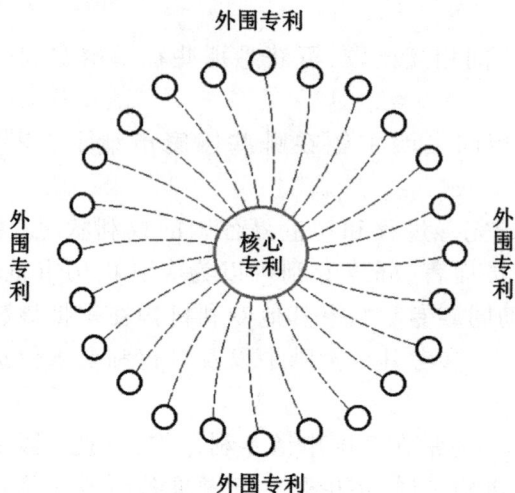

图 2-3-1　核心专利和外围专利的关系示意图

包围城市"的方式,通过技术引进掌握国外的先进技术,围绕该基本专利不断进行应用性的开发研究,申请众多的外围专利,利用这些外围专利进一步覆盖该技术领域,构筑外围专利网,从而突破技术垄断,变被动为主动。

▸【案例分析 2-3-1】

20 世纪 70 年代,日本企业开始大量出口产品,当时日本企业没有核心技术和专利。当竞争对手有一个关键的、关于某项产品的基本原理的核心专利时,日本企业就会围绕该核心技术开发出一系列的专利,每一个专利都有不同程度的改进。这些改进专利覆盖了将该核心技术投入商业应用时可能采用的最佳产品结构。这样给原技术的所有者对该技术的有效利用造成了困难,然后木桩篱笆专利的所有者就可据此迫使对方同意交叉许可,从而获得对核心技术的使用权。

关于数码相机的例子就是最好的例证。后来,新兴的韩国企业、中国台湾企业发现了这一秘诀。在 20 世纪末,中国台湾富士康、宏碁,韩国三星跟踪其他国家企业的核心技术,大量部署外围专利,也创造了可靠的撒手锏。

▸【案例分析 2-3-2】

2000 年前后,我国 DVD 播放机制造产业迅速发展,2001 年中国企业的 DVD 出口量占世界 DVD 总产量的 70%,行业扩张势头迅猛。与此同时,国外的六家公司组成 6C 专利联盟并发布了 DVD 专利联合许可声明,要求世界上所有生产 DVD 的厂家必须向其缴纳专利许可费。在当时出口一台 DVD 大约售价 32 美元,付给国外的专利费需要 18 美元,扣除 13 美元的成本,中国企业的利润迅速减少。类似的是 2007 年有外国厂商提出要向中国彩电企业收取每台 10 美元的专利费。因此,中国彩电企业不得不与国外专利权公司进行谈判。无论 DVD 还是彩电产业,这些行业危机都暴露了当时我国企业自主知识产权的缺失、核心技术能力的不足。因此,加快发展知识产权与创新技术研发刻不容缓。

三、发明创造的技术主题

(一)技术主题的类别

发明创造在进行专利申请前需要对相关技术方案进行检索分析,预估是否具备授权的前景,而在进行检索前需明确该发明创造的技术主题,做到精准检索。那么什么是发明创造的技术主题?

技术主题(发明主题),是指与现有技术相比,新颖的和非显而易见的用于描述方法、产品、设备或材料的(技术)信息。其中,现有技术是指已经公知的所有技术主题的结合。

(1)技术主题分类,发明创造的技术主题分为方法、产品、设备或材料四大类,包括这些技术主题的使用或应用方式,应当以最宽泛的含义来理解这些技术主题的范围。其中:

方法,是指有时间先后的一连串动作的集合,包括聚合,发酵,分离,成形,输送,纺织品的处理,能量的传递和转换,建筑、食品的制备,试验、设备的操作及其运行,信息的处理和传输等。方法是为解决某一特定技术问题所采取的措施,最常见的是制造产品的方法,它是利用自然规律作用于一个物品或物质,使之发生新的质变或成为另一种物品或物质的方法发明。

产品,是指通过某一方法得到的物品或组合物,并以它的结构特性或物理或化学性质定义。产品可以是指经过人工制造、以有形形式出现的发明,包括化合物、组合物、织物等;可以是一件独立的产品;也可以是其他产品的一部分。

设备,是一种机械或装置,用其功能的性能或结构的特征的术语来描述,它被用于制造一种产品,或实施一个非制造的过程或活动。即设备是与某种预期的用途或目的联系在一起的产品,例如用于产生气体的设备、用于切割的设备。

材料,包含任何物质、中间产品或为制造产品对其加工的物质的组合物,也包括组成混合物的各种组分等,材料本身也可以构成产品。例如,混凝土,其组成材料是水泥、沙石、水。例如,用于制造家具的胶合板,是由基本上厚度均匀的、或多或少连续接触并结合在一起的多个层构成的材料。

值得注意的是:一个设备,由于它是通过一种方法制造而成,可以看作一件产品。术语"设备"是与某种预期用途或目的联系在一起,例如用于产生气体的设备、用于切割的设备。但术语"产品"只用来表示某一方法的结果,而不管该产品的功能如何,例如某化学方法或制造方法的最终产品。材料本身就可以构成产品。

(2)技术主题分类,按照解决问题的多少划分,技术主题可以分为单一主题和多主题两大类。如果一个查新项目解决的技术问题只有一个,那么就是单一主题,例如一种剃须刀。如果一个查新项目解决的技术问题有多个,那么就是多主题,例如一种剃须刀及其制造方法。

单一性,是指一件发明或者实用新型专利申请应当限于一项发明或者实用新型,属于一个总的发明构思的两项以上发明或者实用新型,可以作为一件申请提出。专利申请应当符合单一性要求的有两方面原因:一是经济上的原因,为了防止申请人只支付一件专利的费用而获得几项不同发明或者实用新型专利的保护;二是技术上的原因,为了便于专利申请的分类、检索和审查。同理,专利查新也要求查新项目技术主题符合单一性。在对一件查新项目中的两项以上发明主题进行检索之前,首先判断它们之间是否明显不具有单一性。如果这几项发明主题没有包含相同或相应的技术特征,或所包含的相同或相应的技术特征均属于本领域惯用的技术手段,则明显不具有单一性。

单一性判定方法:①将第一项发明的主题与相关的现有技术进行比较,确定体现发明对现有技术做出贡献的特定技术特征;②判断第二项发明中是否存在一个或者多个与第一项发明相同或者相应的特定技术特征,从而确定这两项发明是否在技术上相关联;③如果在各项发明之间存在一个或者多个相同或者相应的特定技术特征,即存在技术上的关联,则可以得出它们属于一个总的发明构思的结论;相反,如果各项发明之间不存在技术上的关联,则可以做出它们不属于一个总的发明构思的结论,进而确定它们不具有单一性。

某些项目的单一性可以在检索之前确定,而某些项目的单一性则只有在检索之后才能确定。例如,一件申请中包括除草剂和割草机两项独立主题,由于两者之间没有相同或者相应的技术特征,因而明显不具有单一性,检索前即可得出结论。下面举一些例子以提高对单一性的认识。

▶【案例分析 2-3-3】

主题 1:一种灯丝 A。

主题 2:一种用灯丝 A 制成的灯泡 B。

主题 3:一种探照灯,装有用灯丝 A 制成的灯泡 B 和旋转装置 C。

与现有技术文献公开的用于灯泡的灯丝相比,灯丝 A 是新的并具有创造性,而该三项主题均具有相同的特定技术特征灯丝 A,因此它们之间有单一性。

▶【案例分析 2-3-4】

主题 1:一种化合物 X。

主题 2:一种制备化合物 X 的方法。

主题 3:化合物 X 作为杀虫剂的应用。

第一种情况,当化合物 X 具有新颖性的时候,化合物 X 是这三项主题相同的技术特征,由于它是体现项目对现有技术做出贡献的技术特征,即特定技术特征,因此主题 1 至 3 存在相同的特定技术特征,主题 1、2 和 3 有单一性。

第二种情况,通过检索发现化合物 X 与现有技术相比不具有新颖性,虽然主题 2 和 3 之间的相同技术特征仍为化合物 X,但是由于化合物 X 对现有技术没有做出贡献,故不是相同的特定技术特征。因此,主题 2 和 3 之间不存在相同或相应的特定技术特征,缺乏单一性。

有单一性的几个主题放在一起查新,检索和判断都比较容易。比如例2中,我们若查到主题1(一种化合物X)具有新颖性,则主题2(一种制备化合物X的方法)和主题3(化合物X作为杀虫剂的应用)必定具有新颖性。

(二)技术主题的确定

发明创造的技术主题是要根据专利申请的全部文本(权利要求书、说明书、附图)来确定。即,在根据权利要求书确定技术主题的同时,还要根据说明书、附图确定未要求专利保护的技术主题。

1.根据权利要求书确定技术主题的两种情况

根据权利要求书确定技术主题时,应当完整地理解权利要求书中所记载的技术内容。例如,以独立权利要求来确定技术主题时,应当将其前序部分记载的技术特征和特征部分记载的技术特征结合起来确定。此外,还应当结合说明书、附图的内容来正确理解或澄清权利要求书中所记载的、构成其要求专利保护的技术方案的技术特征。

第一种情况:一般以独立权利要求中前序部分记载的技术特征为主,将特征部分记载的技术特征看作对前序部分的限定。

▶【案例分析2-3-5】

用于墙或屋顶的建筑板,其特征是该板由片材制成,该片材为矩形并由四个部分组成,各部分的表面形状为双曲抛物面……

技术主题为:以形状为特征的片状的用于墙或屋顶的建筑板。

▶【案例分析2-3-6】

一种具有改进的倾点特征的原油组合物,其特征是包括含蜡原油和有效量的倾点下降添加剂,该添加剂是由乙烯与丙烯腈的共聚物和三元共聚物组成。

技术主题为:以含乙烯与丙烯腈共聚物和三元共聚物组成的添加剂为特征的原油组合物。

▶【案例分析2-3-7】

一种棉织机减震器,其特征是在钢板上粘有弹性材料,两者结合成一体。

技术主题为:以钢板上粘有黏弹性材料并且两者结合成一体为特征的棉织机减震器。

▶【案例分析2-3-8】

一种活性染料化合物,其特征是利用一种酶进行合成……

技术主题为:利用酶合成的一种活性染料化合物。

第二种情况:当独立权利要求中前序部分所描述的对象在分类表中没有确切的分类位置时,以特征部分记载的技术特征为主,将前序部分记载的技术特征作为对特征部分的限定。

▶【案例分析2-3-9】

一种开关,包括一个外壳、设置在外壳盖中的控制装置、电线通道及开闭触点,其特征是在具有开口的外壳盖的开口下设有一个由透明材料制成的光导板以及一个指示开关位置的辉光灯泡。

技术主题为:开关的指示开关位置的装置。

▶【案例分析2-3-10】

一种计时钟,包括外壳和机芯,其特征是该外壳用陶瓷材料制成,外壳的外形为……

技术主题为:一种用陶瓷材料制成的计时钟的外壳,……

2. 根据权利要求书无法确定技术主题的情况

当根据权利要求书无法确定技术主题时,应当根据其说明书中记载的该发明或实用新型所解决的技术问题、技术方案、技术效果或者实施例来确定。

3. 根据说明书、附图确定未要求专利保护的技术主题

如果说明书、附图中记载了对现有技术的贡献的内容,即使该内容未被要求专利保护,也应当确定其技术主题。

四、发明创造的概括方式

专利授权不是评价一件专利质量高低的标准,而保护范围才是评价专利质量的关键因素之一。然而,是否具有合理的保护范围与专利撰写过程中是否合理使用上位概念密切相关。

(一)上位概念和下位概念

上位概念,是指在权利要求撰写中,通过对专利申请文件中的技术特征或者技术名词的概括,来实现扩大保护范围的作用。即,上位概念体现的是技术特征或者技术名词的一种共性。下位概念,与上位概念相对,是指某一具体事物的特点,体现的是具体事物的个性。如图2-3-2所示,移动源是上位概念,汽车、船舶、飞机均是移动源的下位概念;汽车是轿车和公共汽车的上位概念;轿车是电动轿车的上位概念。

(二)上位概念使用的注意事项

1. 使用上位概念容易引起权利要求的创造性降低;使用下位概念容易导致权利要求的保护范围小,即所要保护的技术特征容易被竞争对手规避掉;因此,既不能写得过于上位,又不能写得过于下位,对上位和下位的程度把握决定了专利撰写的质量。

2. 上位概念还需要得到说明书的支持,必须满足具体实施例利用了上位概念所包含的技术特征的共性。如水杯的壳体采用金属制成,如果实施例中列举的不锈钢、铁、

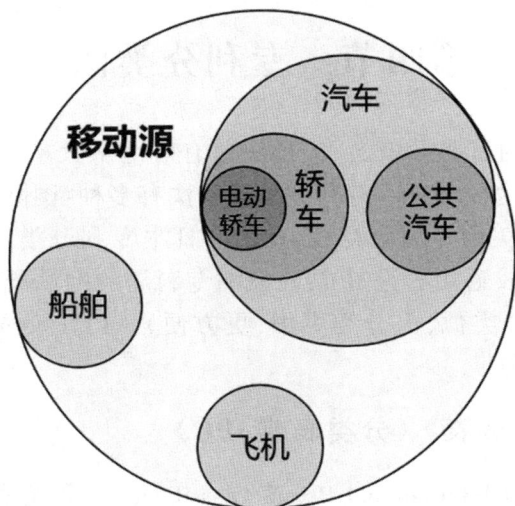

图 2-3-2　上位概念和下位概念权利范围示意图

铝等都是利用了它们的传热性能,则权利要求中可以利用上位概念金属;如果实施例是利用了铝密度轻的特性,则权利要求中不可以利用上位概念金属,因为金属中部分金属密度高。

3. 上位概念和下位概念是相对而言。如汽车相对于移动源来说是下位概念,但相对于轿车而言是上位概念。

4. 上位概念不会破坏下位概念的创造性和新颖性,但是通常下位技术特征会破坏上位技术特征的新颖性。

5. 上位概念容易形成基础专利。如果基础专利质量高,即便他人在此基础上通过下位概念继续申请专利并获得授权,因其受制于基础专利限制,也不能实施,需获得拥有基础专利所有权方同意才能实施;同样基础专利方实施在基础专利上申请的专利,也需经对方许可。

▶【案例分析 2-3-11】

申请"以金属作为设备的壳体"。不锈钢、铜、铁、铝等相对于"金属",就是下位技术特征。现有技术已披露了"以不锈钢作为设备的壳体",如果申请文件对金属的限定仅涉及金属材料的共同特征,并没有涉及任何具体金属材料的特性,而现有技术公开的使用不锈钢本身就具备金属材料的共同特性,可以确定该对比文件公开了与该申请同样的内容,即公开技术使申请技术丧失新颖性,因此该申请不具备新颖性。反之,申请"以不锈钢作为设备的壳体",现有技术已披露"以金属作为设备的壳体",但该申请具备新颖性。即,上位概念的公开并不影响采用下位概念限定的发明或者实用新型专利申请的新颖性。

第四节 专利分类法

分类号是专利文献的重要标识之一,是快速有效地从大量专利文献中检索到所需技术和法律信息的重要途径之一。专利分类检索法有多种:国际专利分类号(IPC)、欧洲专利分类号(ECLA)、美国专利分类号(CCL)、日本专利分类法(FI/F-term)、联合专利分类法(CPC)等。比较通用的是 IPC;在欧洲专利局的网站既可使用 IPC,也可使用 ECLA(ECLA 分类与 IPC 类似,但分类更细、更方便)。FI/F-term 比较复杂;中国目前使用的为国际专利分类号。

一、《国际专利分类表》(分类表或 IPC)

《国际专利分类表》(International Patent Classification)可简称"分类表或 IPC",是 1975 年 10 月 7 日生效的《关于国际专利分类的斯特拉斯堡协定(1971)》,为包括公开的发明专利申请、发明人证书、实用新型和实用新型证书在内的发明创造(以下简称"专利文献")提供了一种共同的专利分类,是目前唯一国际通用的专利文献分类工具。注意 IPC 分类是针对发明专利和实用新型专利,不包括外观设计专利;IPC 分类号不断修改,不同年份的分类表之间有一些差别。

专利分类意义:首要目的是为各知识产权局和其他使用者创建一种用于获取专利文献的高效检索工具,用以确定和评价专利申请中技术公开的新颖性和创造性或非显而易见性(包含对技术先进性和有益结果或实用性的评价)。此外,IPC 还有提供服务的重要目的,作为编排专利文献的工具,以便于获得其中所包含的技术和法律信息;作为所有专利信息使用者进行选择性信息传播的基础;作为研究某一技术领域中现有技术的基础;作为工业产权统计的基础,从而可以对各个领域技术发展做出评价。

二、IPC 分类号构成

一个完整的国际专利分类号(IPC 分类号)由部、大类、小类、大组、小组等符号组合构成(见图 2-4-1)。

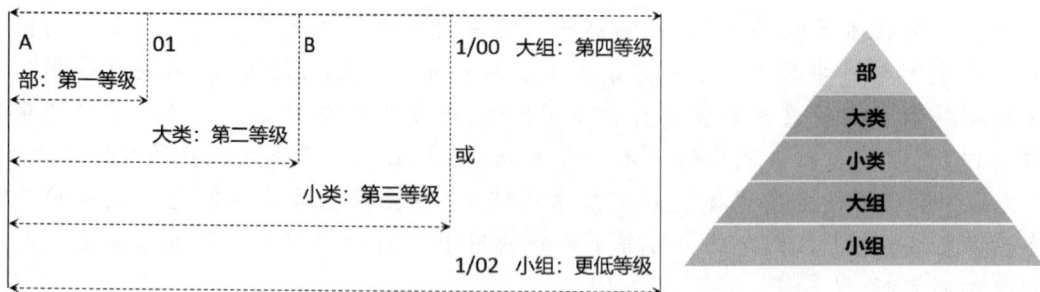

图 2-4-1 完整分类号的构成示意图

(1)部(Section),是分类表等级结构的最高等级,分类表代表了适合于发明专利领

域的知识体系,共分为八个部:

部的类号:最高等级的分类层,按照领域不同,分八个大部,每一个部由 A 至 H 中的一个大写字母标明;

部的类名:部的类名被认为是该部内容非常宽泛的指标。八个部的类名是:

A:人类生活必需

B:作用;运输

C:化学;冶金

D:纺织;造纸

E:固定建筑物

F:机械工程;照明;加热;武器;爆破

G:物理

H:电学

分部:部内,信息性标题可构成分部,分部类名没有类号。例如,A 部(人类生活必需)包括以下分部:农业;食品、烟草;个人或家用物品;健康、救生、娱乐。

(2)大类(Class),是分类表的第二等级,每一个部被细分成许多大类。

大类类号:每一个大类类号由部的类号及其后的两位数字组成。例如,A01。

大类类名:每一个大类类名表明该大类包括的内容。例如,A01 农业;林业;畜牧业;打猎;诱捕;捕鱼。

大类索引:部分大类存在一个索引,其仅为给出该大类内容的总括的信息性概要。

(3)小类(Subclass),是分类表的第三等级,每一个大类包括一个或多个小类。

小类类号:每一个小类类号由大类类号加上一个大写字母构成。例如,A01B。

小类类名:小类类名尽可能确切地表明该小类的内容。例如,A01B 农业或林业的整地;一般的农业用机械或工具的部件、零件或附件。

小类索引:大部分小类均有索引,其仅为一种给出该小类内容的总括的信息性的概要。

导引标题:小类中部分涉及共同技术主题的位置,可以在该部分的起始处提供指示这个技术主题的导引标题。

(4)组(Group),每一个小类被细分为“组”。既可以是大组(即分类表的第四等级),也可以是小组(即依赖于分类表大组等级的更低等级)。

组的类号:每一个组的类号由小类类号加上用斜线分开的两个数组成。

大组(Main Group)类号:每一个大组类号由小类类号、1~3 位数字、斜线及 00 组成。例如,A01B 1/00。

大组类名:大组类名在其小类范围以内确切限定了某一技术主题领域,并被认为有利于检索。大组的类号和类名在分类表中用黑体字呈现。例如,A01B 1/00 手动工具。

小组类号:小组是大组的细分类。每一个小组类号由其小类类号,大组类号的 1~3 位数字、斜线及除 00 以外的至少两位数字组成。例如,A01B 1/02。

小组类名:小组类名在其大组范围之内确切限定了某一技术主题领域,有利于检索。小组也分为不同等级,小组类名前加一个或几个圆点表明该小组的等级位置,即每一个小组是它上位且离它最近又比它少一个圆点的那个小组的细分类(见图2-4-2)。小组的类名通常是一个完整的表述,以一个大写字母开头;如果小组的类名解读为其所依赖的、少一个缩排点的、最靠近上级组类名的继续,则以一个小写字母开头。在所有情况下,小组类名必须解读为:依赖并且受限于其所缩排的上位组的类名。

➤【案例分析2-4-1】以 B64C 25/30 为例说明:

部	B	作业;运输
大类	B64	飞行器;航空;宇宙航行
小类	B64C	飞机;直升机
大组	B64C 25/00	起落装置
一级小组	B64C 25/02 ·	起落架
二级小组	B64C 25/08 ··	非固定的,如可抛投的
……		
六级小组	B64C 25/30 ……	应急动作

即 B64C 25/30 分类号表示:飞机或直升机的起落装置用的,一种可收放或可折叠的非固定式起落架操纵机构应急作用的控制或锁定系统。

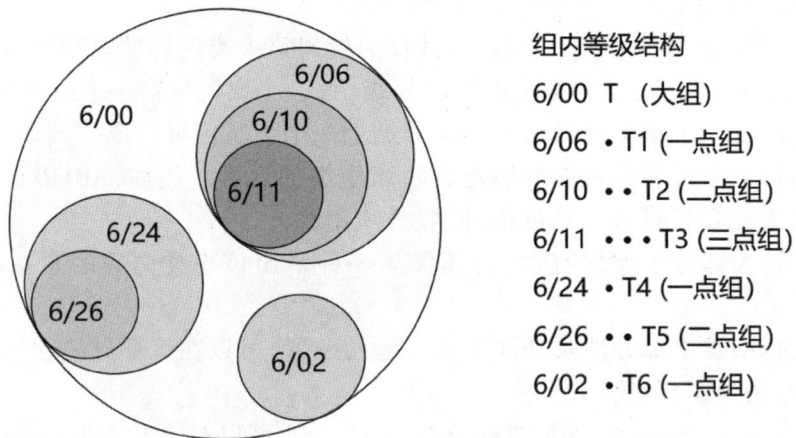

组内等级结构

6/00 T （大组）

6/06 ·T1 (一点组)

6/10 ··T2 (二点组)

6/11 ···T3 (三点组)

6/24 ·T4 (一点组)

6/26 ··T5 (二点组)

6/02 ·T6 (一点组)

图 2-4-2　组内等级结构示意图

三、IPC 分类号的确定

IPC 分类号是如何产生的?在专利申请文件递交到专利局后,专利局会对申请文件进行处理,其中一项工作就是进行 IPC 分类。IPC 分类时,对每一件发明专利申请或者实用新型专利申请的技术主题进行分类,应当给出完整的、能代表发明或实用新型的发明信息的分类号,并尽可能对附加信息进行分类;将最能充分代表发明信息的分类号排在第一位。一个专利申请文件可能涉及多方面的技术主题、功能、应用等,需要将其进行多重分类。因此,一个专利申请文件往往有多个分类号。

发明信息是专利申请的全部文本(例如,权利要求书、说明书、附图)中代表对现有技术的贡献的技术信息,对现有技术的贡献的技术信息是指在专利申请中明确披露的所有新颖的和非显而易见的技术信息。发明信息通常应当利用专利文献的权利要求来指导确定。

附加信息本身不代表对现有技术的贡献,而是对检索可能是有用的信息,其中包括引得码(Indexing codes)所表示的技术信息。附加信息是对发明信息的补充。例如,组合物或混合物的成分,或者是方法、结构的要素或组成部分,或者是已经分类的技术主题的用途或应用方面的特征。

此外,在专利局内部是通过 IPC 分类号将不同领域的专利分给不同部门审查员进行审查。

IPC 分类位置的确定步骤如下:

①确定文献中的发明信息和附加信息。在决定一篇专利文献分类位置之前,首先正确确定在文献中的发明信息和附加信息。②按照分类表的等级,找到最低等级的组。将信息尽可能完整地分入 IPC 分类表中。按照部、大类、小类、大组、小组的顺序逐级进行分类,直到找到最低等级的合适的组。③部、大类的类名仅仅是宽泛地指明其范围。④小类的确定:关键词索引浏览或检索;相关文献,IPC 统计;参考小类类名后出现的参见和附注以及分类定义。⑤小组的确定:分类规则的使用;附注、参见。

四、IPC 分类的方法

对于一件专利申请,应当首先确定其技术主题所涉及的发明信息和附加信息,然后给出对应于发明信息和附加信息的分类号。

1. 整体分类

应当尽可能地将技术主题作为一个整体来分类,而不是对其各个组成部分分别进行分类。然而,如果发明的某一技术主题的各组成部分的本身代表了对现有技术的贡献,即它们代表了新颖的和非显而易见的技术主题,那么它们也可以构成发明信息,也应当对其进行分类。例如,将一个较大系统作为整体进行分类时,若其部件或零件是新颖的和非显而易见的,则应当对这个系统以及这些部件或零件分别进行分类。

▶【案例分析 2-4-2】

由中间梁、弹性密封件、横托梁、支撑弹簧、横托梁密封箱等组成的转臂自控式桥梁伸缩缝装置,其特征是每根横托梁……

按桥梁伸缩缝装置的整体分类,分入 E01D 19/06。

如果横托梁是新颖的和非显而易见的,还应将横托梁分入 E04C 3/02。

2. 功能分类或应用分类的确定

(1)功能分类:若技术主题在于某物的本质属性或功能,且不受某一特定应用领域的限制,则将该技术主题按功能分类。

如果技术主题涉及某种特定的应用,但没有明确披露或完全确定,若分类表中有功能分类位置,则按功能分类;若宽泛地提到了若干种应用,则也按功能分类。

▶【案例分析 2-4-3】

特征在于结构或功能方面的各种阀,其结构或功能不取决于流过的特定流体(如油)的性质或包括该阀的任何设备,按功能分类,分入 F16K。F16K 包括以结构或功能方面为特征的各种阀,其结构或功能不依赖于流过的特定流体(如油)的性质,也不依赖于可能由该阀构成部件的任何系统的性质。

▶【案例分析 2-4-4】

特征在于其化学结构的有机化合物的技术主题,按功能分类,分入 C07。C07 包括特征在于其化学结构而不在于其应用的有机化合物。

(2)应用分类:若技术主题属于下列情况,则将该技术主题按应用分类。

技术主题涉及"专门适用于"某特定用途或目的的物。

▶【案例分析 2-4-5】

专门适用于嵌入人体心脏中的机械阀,按应用分类,分入 A61F 2/24。

技术主题涉及某物的特殊用途或应用。

▶【案例分析 2-4-6】

香烟过滤嘴,按应用分类,分入 A24D 3/00。

技术主题涉及将某物加入一个更大的系统中。

(3)既按功能分类又按应用分类:若技术主题既涉及某物的本质属性或功能,又涉及该物的特殊用途或应用,或其在某较大系统中的专门应用,则既按功能分类又按应用分类。

如果不能适用上述(1)和(2)中指出的情况,则既按功能分类又按应用分类。

▶【案例分析 2-4-7】

布置在汽车悬架中的板簧,如果板簧本身是新颖的和非显而易见的,则应按功能分类,分入 F16F 1/18;如果这种板簧在汽车悬架中的布置方式也是新颖的和非显而易见的,则还应按应用分类,分入 B60G 11/02。

(4)特殊情况:应当按功能分类的技术主题,若分类表中不存在该功能分类位置,则按适当的应用分类。

▶【案例分析 2-4-8】

线缆覆盖层的剥离器。分类表中不存在覆盖层的剥离器的功能分类位置,经判断其主要应用于电缆外皮的剥离。按应用分类,分入 H02G 1/12。

应当按应用分类的技术主题,若分类表中不存在该应用分类位置,则按适当的功能分类。

▶【案例分析 2-4-9】

电冰箱过负荷、过电压及延时启动保护装置。分类表中不存在电冰箱专用的紧急保护电路装置的应用分类位置，经判断其为紧急保护电路装置。按功能分类，分入 H02H 小类。

当技术主题应当既按功能分类，又按应用分类时，若分类表中不存在该功能分类位置，则只按应用分类；若分类表中不存在该应用分类位置，则只按功能分类。

3. 多重分类

分类的主要目的是检索，根据技术主题的内容，可以赋予多个分类号。当专利申请涉及不同类型的技术主题，并且这些技术主题构成发明信息时，则应当根据所涉及的技术主题进行多重分类。例如，技术主题涉及产品及产品的制造方法，如果分类表中产品和方法的分类位置都存在，则对产品和方法分别进行分类。

当技术主题涉及功能分类和应用分类两者时，则既按功能分类又按应用分类。

对检索有用的附加信息，也尽可能采用多重分类或与引得码组合的分类。

4. 技术主题的特殊分类

技术主题可以有不同的类别。如果在分类表中没有某类别技术主题的分类位置，则使用最适当的其他类别的技术主题进行分类。若在分类表中找不到充分包括某技术主题的分类位置，则将该技术主题分入以类号 99/00 表示的专门的剩余大组。

▶【案例分析 2-4-10】

A 部中，A99Z 99/00 为本部其他类目不包括的技术主题；F 部 F02M 小类中，F02M 99/00 为不包括在本小类的其他组中的技术主题。

五、联合专利分类体系（CPC）

现有 IPC 被主要成员国广泛使用，但是其更新速率慢、单一分类号下文献量大且可读性差，因此 2010 年 10 月美欧宣布合作开发联合专利分类体系（Cooperative Patent Classification，简称 CPC）。CPC 于 2010 年 10 月 25 日首次公布，其按照国际分类体系 IPC 的标准和结构进行开发，以欧洲专利分类号 ECLA 作为整个分类体系的基础，并结合美国专利分类 USPC 的成功实践经验，由欧洲专利局和美国专利商标局共同管理和维护。美国专利商标局承诺将在 CPC 实施之后放弃其近 200 年历史的 USPC。

CPC 开发目的在于使检索更加有效。与 IPC 分类相比，CPC 分类更加统一、细化，覆盖更加全面，可以迅速有效地从大量专利文献中检索到所需的技术和法律信息，显著减少了每个 IPC 分类号下的文献量，每个 CPC 分类号能够更精准地体现发明构思，实现高效检索。

CPC 分类表的编排参照 IPC 标准，形式上更接近 IPC 分类表。不同之处是，CPC 分类表分为 9 个部（A~H、Y），其中 A~H 部分别对应目前 IPC 的 A~H 部，其 CPC 分类号由主干号(Main trunk)和引得码组成。

主干号既可标引发明信息,也可标引附加信息。

六、洛迦诺分类(LOC)

国际上所采用的设计专利系统为根据 Locarno 分类表(Locarno Classification,LOC,洛迦诺分类表)所建立,其中该分类制度源于 1968 年所签署之 Locarno Agreement(罗卡诺协定,亦译为"洛迦诺协定")。《洛迦诺分类》第 10 版于 2014 年 1 月 1 日生效。

世界知识产权组织(WIPO)近日宣布,第 14 版《工业品外观设计国际分类》(《洛迦诺分类》)已于 2023 年 1 月 1 日生效,同时废止前一版本。该修订版仅适用于上述日期之后提交的海牙设计国际申请案。根据以往实务,对于申请日早于 2023 年 1 月 1 日的国际申请案,WIPO 国际局将不对其进行重新分类。

中国于 1990 年 10 月 24 日所修正之《专利法》中采用该分类系统。即中国外观设计采用洛迦诺分类。

洛迦诺分类表的编排:采用两级结构,即由大类和小类组成。大类类号和小类类号均采用两位阿拉伯数字;大类类号和小类类号之间用破折号分开。如,17 类 乐器(大类类号:17 类 大类类名:乐器);17-03 弦乐器(小类类号:17-03 小类类名:弦乐器);大类类号和小类类号前加"LOC(n) Cl.",n 为所使用的洛迦诺分类表的版本号,如 LOC(8) Cl. 17-03。

第五节　检索途径

一、基本检索

基本检索途径是指基于某一特定的检索字段进行的检索。即,检索人从已知的检索线索出发,将其输入对应的检索入口,去查找所需专利信息。检索字段包括申请号、申请日、公开(公告)号、公开(公告)日、申请人(专利权人)、申请人所在省、发明人、发明名称、摘要、说明书、代理人、IPC 分类号、CPC 分类号。

号码作为检索字段:该检索方式准确且一一对应,适用于检索已知专利号码的某一专利检索。例如,利用国家知识产权局网站检索系统查找一篇申请号为 ZL201510031519.0 的中国专利申请。

日期作为检索字段:可分为申请日、公开日等,适用于统计专利数量。例如,利用国家知识产权局网站检索 2020 年清华大学的中国专利申请情况。

专利权人(申请人)、发明人名称作为检索字段:该检索方式简单、获取系列专利,适用于跟踪竞争对手(同行),检索范围小。例如,检索清华大学某老师的专利申请情况。

引文检索:由一篇专利文献引出扩展检索。如,利用 USPTO 网站检索系统查找专利引文。

二、关键词检索

关键词检索:首先,要从专利申请文件的技术主题入手,通过分析发明创造的技术主题来确定关键词;其次,确定好关键词后,将其输入某一特定的检索字段进行检索,如输入发明名称、摘要、说明书等。值得注意的是,这三种检索字段对应的检索范围不同。如图 2-5-1 所示,说明书检索字段检索范围最广,检索得到的专利文献数量最多,相关文献遗漏可能性小,但不相关文献数量最多;依次类推,发明名称检索字段检索范围最窄,检索得到的专利文献相关程度高,但检索数量最少存在遗漏相关文献的风险。例如,利用国家知识产权局网站检索关于"鼠标"的中国专利申请。采用说明书作为检索字段检索到 504515 件专利;采用摘要作为检索字段检索到 49889 件专利;采用发明名称作为检索字段检索到 30348 件专利。

关键词检索是专利检索最直接和最常用的检索方式。关键词检索的优点是关键词容易确定。其缺点是:一方面检索结果中噪声大,很多不相关领域的专利被检出,导致后期筛选工作量大;另一方面用语表达多样化,导致确定关键词的同义词难(一词多义、一义多词、不同语种、上位和下位概念等),即关键词难以完全列举而导致漏检。

▶【案例分析 2-5-1】

检索"金属散热器"。首先,分析技术主题"一种产品,散热器;制造材料是金属",检索要素"散热器、金属"。其次,关键词(主题词)分析:关键词"散热器",英文为 radiator,但需要注意:radiator 的中文意思为散热器、暖气片、(汽车等的)水箱、振荡器。关键词"金属",可以是上位金属,也可以是下位"合金",甚至还可以是铁、铜、铝。最终,关键词选择:"散热器、暖气片和金属、合金、铁、铜、铝",或"radiator, metal, steel, Cu, copper, Al, aluminium, alloy";注意 radiator 代表(汽车等的)水箱、振荡器。这部分专利文献与本检索无关,因此利用 radiator 检索导致不相关专利文献被检出,进而使得后续筛选专利文献工作量大;若不检索 radiator,则导致与"散热器"有关的英文专利文献漏检。

三、IPC 分类号检索

专利文献数量大、范围广,因此准确获取所需专利文献难度极大。不同于关键词检索,IPC 分类号检索具有系统、全面的特点,即利用 IPC 分类号进行检索的最大的优点就是能够精准定位。但是 IPC 分类号难掌握。需要注意的是,IPC 分类号不断修改更新,不同年份的分类表之间有一些差别,建议依据最新版本 IPC 分类号进行检索。

1. IPC 分类号检索种类

利用 IPC 分类号可以进行不同种类检索。

(1)新颖性检索:"新颖性检索"的目标是确定专利申请中所要求的专利权是否具有新颖性。检索为了发现相关的现有技术,从而确定发明是否已在检索所参考的日期之前被公开。

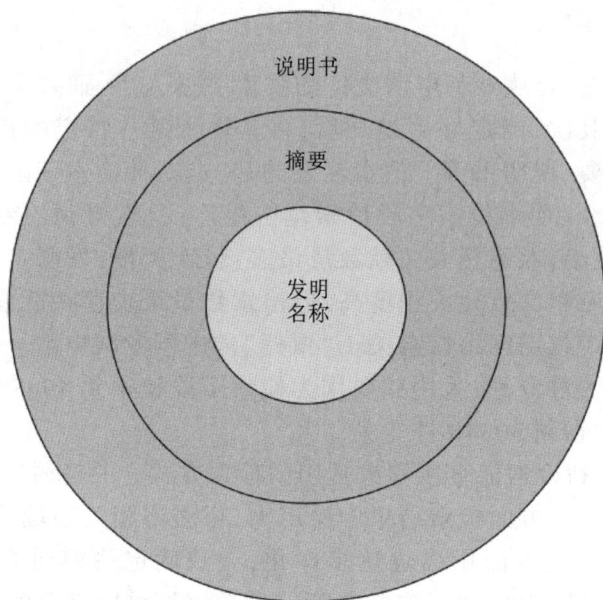

图 2-5-1　不同检索字段的检索范围示意图

（2）专利性或有效性检索："专利性或有效性检索"所查找的文献不仅与确定新颖性有关，而且与确定专利性的其他标准有关。例如，是否具有发明高度（所谓的发明是否非显而易见）或实现有益的结果或技术进步。这种类型的检索应该涵盖所有可能含有发明相关信息的技术领域。新颖性和专利性检索主要由各工业产权局根据其专利审查程序来进行。

（3）侵权检索："侵权检索"的目的是查找有可能被特定工业活动侵权的专利和公开的专利申请。这种类型检索目的是要确定现有专利是否赋予了包括该工业活动或其任何部分的专有权。

（4）信息性检索："信息性检索"用来使检索者熟悉某个特定技术领域中的现有技术的情况。它通常也被称为"现有技术检索（State-of-the-art Search）"。这种检索为研发活动提供背景信息，并可以确定给定领域中已有的专利出版物，也是为了确定可以取代应用技术的替代技术，或者评价要授予许可证的或考虑收购的特定技术。

2．检索的准备

分类号检索要从技术主题入手。进行检索前，首先要明确检索的技术主题。对某些类型的检索，如"专利性检索"，也许要检索不止一个技术主题。明确所要检索的技术主题后，检索者需确定该主题在 IPC 中的确切位置。对所要检索的技术主题进行考虑，可以确定宽泛地或明确地包括与该技术主题明显相关的技术领域的一个或多个词（技术术语）。

3．定义检索领域

（1）确定与技术主题相关的技术术语之后，就可以通过使用《IPC 关键词索引》或者电子出版物中的术语检索（可在 IPC 文本中或在《IPC 关键词索引》中对技术术语进行检索)来进入系统。《IPC 关键词索引》介绍提供了使用方式建议。

《IPC 关键词索引》为单独出版,版次与《国际专利分类表》的版次对应。《IPC 关键词索引》不包括 IPC 分类表中所有类目,所以它不是一个独立的分类工具和检索工具,必须与《国际专利分类表》(IPC 分类表)结合使用,IPC 分类表细致,能够帮助用户从主题实物的名称入手找出所需类目和类号。相对应《IPC 关键词索引》给出的分类号比较粗,只给前三级类号。因此,从《IPC 关键词索引》中查到类号后,还需要利用《国际专利分类表》(IPC 分类表)进行细分,以便找出符合分类或检索文献的细分类号。

《IPC 关键词索引》按照关键词的英文字母顺序排列,并且用大写黑体字母表示,在关键词下又进一步分为若干下属关键词,关键词和副关键词后都有类号,一般给出小类或主组类号,有的给出分组类号。中译本为《国际专利分类号关键词索引》,书中的关键词按照汉语拼音的字母顺序排列,其后列出 IPC 分类号。

(2)如果使用《IPC 关键词索引》或电子出版物中的术语检索无法引导至相关的检索领域,检索者可以浏览 IPC 的 8 个部,根据类名选择可能的分部和类。然后,需要转到所选择的类及其下小类的类名,并注意那些可能包含所要检索的主题的小类。应当选择最确切地包括该主题的小类。

(3)还有一种确定合适小类的方法是,在包含专利文献全文文本或摘要的数据库中,利用所确定的技术术语进行文本检索,然后对所得到的文献的分类号进行统计分析。文献中出现最多的分类号所代表的小类可认为包含在检索领域中。

(4)选择了合适小类之后,需要核对出现在所选小类类名中的参见和附注,它们能够更为准确地指示小类内容,标识相关小类之间界限的参见与附注,反过来还可以指示待检主题是否在其他的位置。如果所选小类存在定义,应该研究其详细内容,因为定义为该小类的范围给出了最准确的指示。

(5)接下来,需要浏览该小类所有大组,以根据其类名以及任何现有的附注和参见,确定最合适大组。可以利用出现在小类开头的小类索引对小类进行快速导航。

(6)确定了合适的大组之后,检索者应当浏览其一点组,确定看起来最适于所要检索主题的组。如果该一点组有两点或更多点的下位组,选择最下位的(即,具有最多点的)合适的组用于检索。

如果所选组包含另一个组的优先参见,如,若所选的组的形式为"7/16……(7/12优先)",则需要对优先组和所选组均进行检索,即本例中的组 7/12 和 7/16。这是因为除了包含组 7/16 主题以外还包含组 7/12 主题的文献将被分类在后者的位置。另外,如果所要检索的主题包含组 7/12 和组 7/16 的主题,通常不需要检索组 7/16。

例如:C08F 2/04 溶液中聚合(C08F 2/32 优先);

C08F 2/32 油包水乳液中聚合。

以发生在特殊溶剂中为特征的聚合可以在上述任一位置找到,因此需要检索这两个位置;但如果所要检索的聚合物不能发生在油包水乳液中,那么就不需要检索 C08F 2/32。

（7）如果选定组在受整体优先规则（如最后位置规则）支配的小类或其一部分中，为了能够确定包括所要检索技术主题各个方面的其他组，要特别关注优先组的范围。

（8）在完成了选定组的检索之后，检索者可以考虑在其下缩排的级别较高的组（带有更少点的），因为包含所要检索主题的更广泛主题也许会分类在该位置。

（9）在IPC应用多重分类或引得码的区域，推荐首先使用分类号的组合或分类号及与之相关的引得码的组合进行检索，以使检索提问式更加精确。为了得到完整的检索结果，可以通过单独使用最相关的分类号来拓宽检索提问式（找到合适的IPC分类号后，将其输入IPC分类号的检索字段，即可获得所需专利信息；另外，IPC分类号也与其他检索字段组合检索）。

检索相关文献失败可能表明未在IPC中找到合适位置。这种情况下应换一种方式表达所要检索的技术主题，并且重新考虑定义检索领域的程序。

综上，利用IPC分类号进行检索的步骤如下：

第一步：分析申请文件，确定技术主题的技术术语（关键词）；

第二步：利用《IPC关键词索引》确定粗分类号；

第三步：利用《国际专利分类表》确定完成的国际专利分类号（IPC分类号）；

第四步：找到合适的分类号之后，依据IPC分类号检索所需专利信息。

▶【案例分析2-5-2】

查找中国专利中关于"摩托车车架"领域的专利。

首先，确定摩托车车架的IPC分类号为：B62K 11/02；

其次，在检索界面IPC分类号字段输入"B62K 11/02"，进行检索。

▶【案例分析2-5-3】

以"利用了电化学处理以及生物处理的污水多级处理"这一技术主题为例进行说明。

第一步：如果想查询这方面的相关专利，我们首先在IPC分类中查询，发现污水处理分在C02F类下面。

第二步：从污染物的性质、生物处理、曝气、多级处理等不同的角度还细分为不同的方向，其中多级处理分类到C02F9/00。

第三步：从电化学处理、物理处理、热处理、电磁场处理、生物处理等角度分为更细的类别。因此，"利用了电化学处理的污水多级处理"应该分类到C02F9/06这个分类号。即，找到了对应的分类号。另外，这个技术主题中还含有生物处理，因此同时还会分类到C02F9/14。

第四步：最终，确定合适的分类号为C02F9/06以及C02F9/14。找到合适的IPC分类号之后，将其输入IPC分类号的检索字段，即可获得所需专利信息。

上面列举了一个具体的例子来说明如何查询一个技术主题对应的分类号。实际上，IPC分类号的组成和分类有一套详细规则。在利用IPC分类号进行检索之前，要阅读 IPC 分类规则。

四、布尔逻辑检索

当同时利用两个或两个以上的检索词在同一检索字段或不同检索字段进行检索时,需要按照一定逻辑关系组织检索字段,以便满足多样的检索需求。此时,需要利用布尔逻辑运算符将多个检索词关联。

布尔逻辑检索,也称作布尔逻辑搜索,是指利用布尔逻辑运算符将两个以上的检索词进行逻辑组配,组成检索提问式进行检索,以找出所需信息的方法。常用的布尔逻辑运算符包括"或、与、非"。

布尔逻辑运算符"或":用"or"与"+"表示。用于连接并列关系的检索词,检索式为:A or B(或 A+B)。表示让系统查找含有检索词 A、B 之一,或同时包括检索词 A 和检索词 B 的信息,属于集合 A 或者属于集合 B 的元素组成的集合(见图 2-5-2)。

布尔逻辑运算符"与":用"and"与" * "表示。可用来表示其所连接的两个检索项的交叉部分,即交集部分,检索式为:A and B(或 A * B)。表示让系统检索同时包含检索词 A 和检索词 B 的信息集合,属于集合 A 且属于集合 B 的元素组成的集合(见图 2-5-2)。

布尔逻辑运算符"非":用"and not/not"与"−"表示。用于连接排除关系的检索词,即排除不需要的和影响检索结果的概念,检索式为:A not B(或 A−B)。表示检索含有检索词 A 而不含检索词 B 的信息,即将包含检索词 B 的信息集合排除掉(见图 2-5-2)。

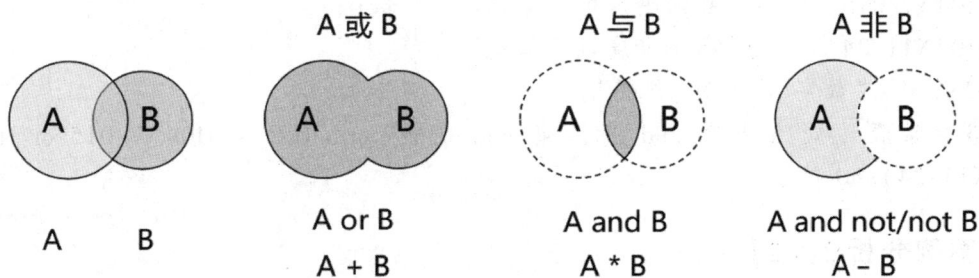

图 2-5-2 常用的布尔逻辑运算符

▶【案例分析 2-5-4】

检索 A 集团公司关于手机的专利申请,检索式为:A and 手机;

检索 A 集团公司除了手机的专利申请,检索式为:A not 手机;

检索 A 集团公司关于手机和电视的专利申请,检索式为:A and(手机 or 电视)。

第六节 检索的两大顽疾

全球专利数量极大且技术领域范围广,仅使用关键词或IPC分类号等单一检索字段很难实现专利文献的查准和查全。如前所述,利用IPC分类号检索的最大的优点是能够精准定位,而利用关键词检索的最大问题是容易漏检和后期筛选工作量大。因此,通过利用布尔逻辑运算符将IPC分类号与关键词等检索信息进行结合检索,能够克服仅用关键词检索带来的问题。

专利文献的查准率和查全率是一对矛盾的统一体。要充分利用IPC分类号来提高专利文献的查准率和查全率,具体检索方法如下述。

一、查不全

利用布尔逻辑运算符"或"和IPC分类号,来扩大检索范围,避免单独关键词检索而产生的信息漏检的问题,进而提高专利文献的查全率(见图2-6-1)。

▶【案例分析2-6-1】

检索"数字高清晰度电视"

①确定国际专利分类号:

H04N7/015   高清晰度电视系统

H04N11/24   高清晰度电视系统

②关键词"数字、高清晰、电视";

③检索表达式:(数字 and 高清晰 and 电视)or(IPC = H04N7/015 or IPC = H04N11/24)and 数字。

▶【案例分析2-6-2】

检索有关"挤压成球机"的中国专利

①依据题干分析,本次检索本质上是要求对现有相关技术进行"查全"检索。

②依据题干分析,本次检索选择"中国国家知识产权局"网站作为检索系统。

③分析技术主题,确定关键词(主题词):挤压、成球机。

④利用主题词进行初步检索,检索表达式:挤压 and 成球。

⑤通过阅读初步得到的专利文献,确定关键词及其同义词:挤压、滚压、热压;成球机、造粒机、球团成型机。

⑥确定国际专利分类位置:对照国际专利分类表,选择所有可能的分类位置,确定主分类或副分类,确定 IPC = B01J2/22(在模子内或在两辊子间挤压,使原料颗粒化的一般方法或装置)。

⑦修改检索提问式并进行检索:((挤压 or 滚压 or 热压)and(成球机 or 造粒机 or

球团成型机))or IPC＝B01J2/22,检索出共96件专利文献,其中发明34件。

⑧再次修改检索提问式并进行扩大检索:根据检索结果,浏览其文摘,进行筛选,深入分析并修改检索提问式,进行扩大检索,发现C22B1/14(矿石的结块、制团、黏合、造粒)为相关专利文献,因此分类号的修正为:B01J2/22 + C22B1/14;关键词的修正为:成球、造粒、球团成型;单独检索关键词结果为:"(挤压 or 滚压 or 热压)＊(成球机 or 造粒机 or 球团成型机)",检索出56篇;而"(挤压 or 滚压 or 热压)＊(成球 or 造粒 or 球团成型)",检索出158篇。

⑨最终修正检索提问式为:((挤压 or 滚压 or 热压)and(成球 or 造粒 or 球团成型))or IPC＝(B01J2/22 or C22B1/14)。

图 2-6-1 提高专利文献的查全率和查准率

二、查不准

利用布尔逻辑运算符"与"和IPC分类号来过滤垃圾信息,减少单独关键词检索而产生的检索结果中噪声大的问题(很多不相关领域的专利被检出),降低后期筛选工作量,并且提高专利文献的查准率(图2.7)。

▶【案例分析 2-6-3】

检索"金属散热器"

①关键词"radiator"除了表示散热器之外,还表示(汽车等的)水箱、振荡器等许多含义;利用IPC分类号过滤radiator所表示的(汽车等的)水箱、振荡器等的专利文献。

②国际专利分类号F28的类名是:一般热交换。

③检索表达式为:radiator and(metal or steel or Cu or copper or Al or aluminium or alloy)and IPC＝F28。

▶【案例分析 2-6-4】

检索影响"01106202.9"号专利申请文件的新颖性或创造性的对比文献。

①依据题干分析,本次检索本质上是要求对现有相关技术进行"查准"检索。

②依据专利申请号得知,本专利的发明名称:一种钙酒。权利要求1:一种钙酒,它

主要由酒和钙两种成分组成,并使酒与钙的重量分数比为 500：0.1~20。（0.02%~4%）。

③国际专利分类号 C12G 类名:果汁酒;其他含酒精饮料;其制备。

④检索表达式为:（钙 and 酒）and IPC = C12G。

第七节　检索策略及技巧

一、检索策略

（一）检索策略的制定

专利信息检索主要采用以下步骤:

(1)分析发明创造的技术主题;

(2)选择要检索的国家和地区;

(3)确定关键词及其同义词;

(4)确定可能的 IPC 分类位置;

(5)编制检索提问式(结合布尔逻辑运算符);

(6)浏览检索结果摘要;

(7)阅读并深入分析专利全文,得出检索结果。

如果(6)浏览后证明所编制的检索提问式合理,则阅读全文并深入分析全文信息;如果(6)浏览后发现关键词及其同义词存在问题,则回到(3)重新修正关键词及其同义词,后续进行相似处理,直到得到满意的专利文献为止。

（二）检索策略的调整

检索结果有时不一定能满足课题检索的要求。例如,有时检出的篇数过多,而且不相关文献所占比例很大,或者检出的文献数量太少,有时甚至为零,这时就需要调整检索策略。调整检索策略之前,要正确分析造成检索结果不理想的原因。

1.对于输出篇数过多的情况,分析是否由下述原因造成:

(1)选用了多义性的检索词;

(2)截词截得过短;

(3)输入的检索词太少;

(4)应该使用"与"的使用了"或";

(5)优先运算符使用错误;等等。

2.对于输出篇数过少的情况,分析是否由下述原因造成:

(1)检索词拼写错误;

(2)遗漏重要的同义词或隐含概念;

(3)检索词过于冷僻具体;

(4)没有使用截词算符;

（5）位置算符和字段算符使用过多；

（6）使用过多的"与"算符。

3.针对上述原因,如果是属于需要扩大检索范围、提高文献查全率的,可以调整检索的策略有：

（1）减少"与"算符,增加同义词或同族相关词使用逻辑或将它们连接起来；

（2）在词干相同的单词后使用截词符；

（3）去除已有的字段限制、位置算符限制。

4.如果是属于缩小检索范围、提高文献查准率的,可以调整检索的策略有：

（1）减少同义词或同族相关词；

（2）增加限制概念,用逻辑"与"将它们连接起来；

（3）使用字段限制,限制检索结果的文献类型、语种、出版国家；

（4）使用适当的位置算符；

（5）使用"非"算符,排除无关概念。

二、检索技巧

1.注意关键词选词

在专利检索中,需要对技术主题进行分析。比如要查找"金属散热器",很容易分析出需要检索的主题是"散热器"和"金属",但是金属在别的专利中可能代表的是其他意思。这样我们在进行主题检索时,就不能简单地使用"散热器、金属"来检索,而是要使用"散热器（金属+合金+铁+铜+铝）"。

2.正确考虑同义词

在查询的时候,一定要充分考虑各种各样的同义词,否则会漏掉一些内容。但是要直接找到这些同义词有时候又比较困难,所以要先通过关键词查询完成初步检索,然后进行 IPC 分类(国际专利分类号之 C 部:化学;冶金)。如果分类比较集中,可以阅读该分类的定义,从中找出同义词;如果比较分散或者初步结果比较少,需要阅读这些说明书,然后从中分析出同义词。

3.注意歧义

同义词的引入可能会产生一些歧义,如:要查找宁波某个年度申请的专利文献,我们首先会直接查询"宁波"的对应记录,但是宁波是个大的地域,下面还有很多县市,所以如果仅仅使用"宁波"就会漏掉一些信息,必须采用"宁波+象山+宁海+余姚+…+慈溪"进行检索。同时,为了防止重名现象出现,我们还需要加上"浙江"这样的限制。

第八节　专利文献阅读技巧

1.带着问题阅读

（1）在阅读文献前首先确定我需要得到什么。也就是确定阅读的目的。

（2）确定我需要忽略什么。以节省时间和精力,排除干扰我的其他不必要的信息。

（3）带着问题泛读专利文献；但不要忽略实施例，在实施例中可以得到更具体的启发。

（4）找出关键词或关键技术要点，初步确定是否是我所需要的。

（5）将对比文献的关键词和技术要点与我的技术要点进行对比，初步找出两者的差异性。

（6）将两者的差异性进行细致分析、对比、研判，将两者的显著差异明确出来。

（7）规避对比文献的技术点，对申请专利进行布局及撰写。

2. 抓住重点信息阅读

（1）精读与略读相结合。

（2）重点把握信息：申请日期（首页）、申请人（首页）、发明人（首页）、保护主题（首页摘要）、要解决的技术问题（说明书背景技术）、采用的技术方案（摘要）、取得的技术效果（说明书的发明内容结尾），通过把握以上信息，确定该专利是否为主题内的专利文献。

第三章

专利申请文件构成

专利申请文件，是指依据《专利法》第二十六条规定，申请人提出专利申请时需要向专利局提交的请求书、说明书、权利要求书、说明书附图和摘要或者《专利法》第二十七条规定的请求书、图片或者照片、简要说明等文件。

其他文件，是指在提出专利申请的同时或者提出专利申请之后，申请人（或专利权人）、其他相关当事人在办理与该专利申请（或专利）有关的各种手续时，提交的除专利申请文件以外的各种请求、申报、意见陈述、补正以及各种证明、证据材料。

第一节　请求书

一、请求书的含义及作用

请求书，是指申请人向专利局表示请求授予专利权愿望的一种书面文件。

请求书的作用，专利请求书是一种专利申请文件，它在专利申请文件中是具有总领作用的核心文件，综合了专利申请的各方面情况，在递交专利申请时，国家专利局按照专利请求书进行核实。

二、请求书的构成要素

专利请求书一般按照专利局所提供的标准表格进行填写，其主要内容包括：

（1）发明或实用新型名称，或外观设计的产品名称。需要注意的是，请求书中的发明名称和说明书中的发明名称应当一致。

（2）主要发明人或设计人姓名、地址，其他次要发明人或设计人在后续栏目中填写。需要注意的是，发明人应当是个人，请求书中不得填写单位或者集体；发明人应当使用本人真实姓名，不得使用笔名或者其他非正式的姓名，姓名后面不加"同志"或其他职务称谓。多个发明人的情况，应当自左向右顺序填写；发明人可以请求专利局不公布其姓名。提出专利申请时请求不公布发明人姓名的，应当在请求书"发明人"一栏注明"不公布姓名"。

（3）申请人姓名、地址，可以和发明人一致，也可不一致。申请人为单位的，要填单位全称。需要注意的是，不同于发明人，申请人可以是单位，也可以是个人；如果发明创始属于职务发明，那么申请专利的权利属于单位，即申请人为单位；如果发明创始属于非职务发明，那么申请专利的权利属于发明人，即申请人为发明人；一般应写明申请人的永久性地址。

（4）专利代理机构名称、地址，代理人姓名。需要注意的是，专利代理机构应当依照专利代理条例规定经国家知识产权局批准成立；专利代理机构的名称应当使用其在国家知识产权局登记的全称，并且要与加盖在申请文件中的专利代理机构公章上的名称一致，不得使用简称或者缩写；请求书中还应当填写国家知识产权局给予该专利代理机构的机构代码。专利代理人，是指获得专利代理人资格证书、在合法的专利代理机构执业，并且在国家知识产权局办理了专利代理人执业证的人员。在请求书中，专利代理人应当使用其真实姓名，同时填写专利代理人执业证号码和联系电话。一件专利申请的专利代理人不得超过两人。

（5）申请费用及交纳情况，如实填写。

（6）公布、展出情况，保密要求。

（7）申请文件清单，包括专利请求书、专利申请说明书、专利申请权利请求书、说明书附图、说明书摘要等的份数和页数。

（8）附加文件清单，包括代理人委托书、实质申请请求书、要求优先权声明等。需要注意的是，有优先权日的应注明第一份专利申请提交国、申请日期、申请号。

（9）上述以外的发明人、申请人。

第二节 说明书

一、说明书的含义及作用

说明书，是指申请人向专利局提交的公开其发明或者实用新型的技术内容的法律文件。根据《专利法》第二十六条第一款的规定，一件发明专利申请应当有说明书（必要时应当有附图）；一件实用新型专利申请应当有说明书（包括附图）。

说明书的作用，主要包括三方面：

（1）说明书及附图主要用于清楚、完整地描述发明或者实用新型，即充分公开申请的发明，使所属技术领域的技术人员能够理解和实施该发明或者实用新型。

（2）根据《专利法》第五十九条第一款的规定，发明或者实用新型专利权的保护范围以其权利要求的内容为准，而说明书及附图可以用于解释权利要求的内容，即说明书可作为审查程序中修改权利要求的依据和侵权诉讼时解释权利要求的辅助手段。

（3）说明书可作为可检索的信息源，提供技术信息。

二、说明书的构成要素

根据《专利法实施细则》第十七条的规定,发明或者实用新型专利申请的说明书应当写明发明或者实用新型的名称,该名称应当与请求书中的名称一致。说明书应当包括以下组成部分:

（1）技术领域:写明要求保护的技术方案所属的技术领域。

（2）背景技术:写明对发明或者实用新型的理解、检索、审查有用的背景技术;如有可能,并引证反映这些背景技术的文件。

（3）发明或者实用新型内容:写明发明或者实用新型所要解决的技术问题以及解决其技术问题采用的技术方案,并对照现有技术写明发明或者实用新型的有益效果。

（4）附图说明:说明书有附图的,对各幅附图做简略说明。

（5）具体实施方式:详细写明申请人认为实现发明或者实用新型的优选方式;必要时,举例说明;有附图的,对照附图说明。

第三节 说明书摘要

说明书摘要,是指对说明书记载内容进行简要概括的文件。说明书摘要仅是一种技术情报,不具有法律效力。

说明书摘要的内容不属于发明或者实用新型原始记载的内容,不能作为以后修改说明书或者权利要求书的根据,也不能用来解释专利权的保护范围。但是,说明书摘要可作为可检索的信息源,提供技术信息,以帮助专业人员或审查人员进行专利文献检索。

第四节 权利要求书

一、权利要求书的含义、作用及类型

1. 权利要求书的含义

权利要求书的含义是指在说明书的基础上用构成发明或者实用新型技术方案的技术特征表明其要求专利保护的范围的法律文件,是发明人的独创部分,也是排斥他人无偿占用的具体内容。即:

（1）权利要求书应以说明书为依据,清楚、简要地限定要求专利保护范围;

（2）权利要求书应当记载发明或者实用新型的技术特征,技术特征可以是构成发明或者实用新型技术方案的组成要素,也可以是要素之间的相互关系;

（3）权利要求中所有技术特征的总和构成了权利要求书所要求保护的技术方案;

（4）一份权利要求书中应当至少包括一项独立权利要求,还可以包括从属权利要求。

2. 权利要求书的作用

权利要求书的作用主要包括两方面:一方面以说明书为依据,说明要求专利保护的范围;另一方面作为解释专利权保护范围的法律依据。

3. 权利要求的类型

按照性质(主题名称)划分,权利要求有两种基本类型:产品权利要求和方法权利要求,即,物的权利要求和活动的权利要求。

权利要求的类型由其主题名称确定,在类型上区分权利要求(产品/方法权利要求)是为了确定权利要求的保护范围。通常在确定权利要求的保护范围时,权利要求中所有特征均应当予以考虑,而每一个特征的实际限定作用应当最终体现在该权利要求所要求保护的主题上。

权利要求的构成和保护范围。权利要求是由一系列技术特征组合而成;技术特征的多少决定保护范围大小;技术特征的抽象与具体也决定保护范围大小。

➤【案例分析 3-4-1】

权利要求:一种水杯,包括杯体和杯盖;

权利要求:一种水杯,包括玻璃杯体和塑料杯盖;

权利要求:一种水杯,包括圆筒形透明玻璃杯体和圆盘状塑料杯盖;

权利要求:一种水杯,包括圆筒形透明玻璃杯体和圆盘状塑料杯盖,杯体上口有阳螺纹,与杯盖内缘的阴螺纹配合。

二、权利要求的类型"产品权利要求"

1. 产品权利要求(物的权利要求)包括人类技术生产的物(产品、设备);属于物的权利要求有物品、物质、材料、工具、装置、设备等权利要求。

➤【案例分析 3-4-2】

一种灯泡,包括灯丝、灯罩、灯座……;一种激光照排系统……;一种用于制造电磁光阀的设备……;一种用喷墨着色工艺制造的皮革……

2. 产品权利要求的保护范围。产品通常应当用其结构来确定,然而在有些情况下,受发明性质或者现有技术水平的限制,发明获得的新产品可能无法用组成、结构予以清楚地表述,而只能用产品的物理或化学性能参数来表征该新产品。即,当产品权利要求中的一个或者多个技术特征无法用结构特征予以清楚地表征时,允许用物理或化学参数来表征;当产品权利要求中的一个或多个技术特征无法用结构特征并且也不能用参数特征予以清楚地表征时,允许借助于方法特征表征。

(1)用性能参数限定的产品权利要求

产品的结构与产品的性能是对应的。新的产品必然在结构的某一或者某些方面不同于现有技术的产品,并且在某一或者某些物理或化学性能上不同于现有技术。结构上的不同是新产品区别于现有技术的根本;而新产品在物理或化学性能上的变化,是由其内在结构所决定的外在表象。

表达特性的参数可以是能直接测量的性能值,如物质熔点、钢的抗弯强度、导体的电阻等,也可以是表达为多种变量数学关系的公式。

（2）用方法表征的产品权利要求

权利要求的类型由其主题名称确定,用方法特征表征的产品权利要求的保护主题仍然是产品,其实际的限定作用取决于对所要求保护的产品本身带来何种影响。

≫【案例分析 3-4-3】

权利要求:一种八宝粥,采用等份量的红枣、莲子、枸杞、银耳、糯米作为原料,由以下步骤制成,将原料加一倍水量煮沸 5 分钟后文火炖 20 分钟,常温下自然冷却至常温,加入些许红糖和数滴果醋,再用文火炖 20 分钟。

分析:该权利要求中制作方法对权利要求所要求保护的八宝粥的限定作用,体现在制作方法对八宝粥状态的影响,使其在色、香、味等方面区别于用其他方法制作的八宝粥。

≫【案例分析 3-4-4】

权利要求:一种双层结构的嵌板,由一块铁的分板和一块镍的分板焊接制成。

分析:该权利要求中焊接制作方法对权利要求所要求保护的嵌板的限定作用,体现在焊接制作方法对所制得的嵌板的物理特性的影响,此影响使得用焊接方法制成的嵌板在结构、强度、韧性等物理特性方面区别于用铆接、粘接等其他方法制作的嵌板。

（3）用用途限定的产品权利要求

用途限定在确定产品权利要求的保护范围时应当予以考虑,其实际的限定作用取决于对所要求保护的产品本身带来何种影响。如果“用于……”的限定对所要求保护的产品或设备本身带来影响,则其对产品或设备是否具有新颖性、创造性的判断起作用。如果“用于……”的限定对所要求保护的产品或设备本身没有带来影响,只是对产品或设备的用途或使用方式的描述,则其对产品或设备是否具有新颖性、创造性的判断不起作用。

≫【案例分析 3-4-5】

权利要求:主题名称为“用于钢水浇铸的模具”的。

分析:“用于钢水浇铸”的用途对主题“模具”具有限定作用;对于“一种用于冰块成型的塑料模盒”,因其熔点远低于“用于钢水浇铸的模具”的熔点,不可能用于钢水浇铸,故不在上述权利要求的保护范围内。

≫【案例分析 3-4-6】

权利要求:“一种用于将多种液体不混合地注射到病人体内的液体注射器,包括分别连接到多个针筒的多个针筒管,以及连接到多个针筒管的一个病人管"。

分析:该权利要求使用"用于将多种液体不混合地注射到病人体内"这一用途特征对请求保护的注射器进行限定。为适应该用途要求,注射器的多个针筒管必须是非连通的,以达到将多种液体不混合地注射到病人体内的目的。因此该用途限定使多个针筒管的结构选取范围发生变化,从而对权利要求保护主题液体注射器本身产生影响。

▶【案例分析3-4-7】

权利要求:"一种用于茶几、餐台的夹层防爆玻璃,其特征在于……"。

分析:该权利要求使用"用于茶几、餐台"对请求保护的夹层防爆玻璃进行了用途限定。根据说明书的描述,通常的防爆玻璃都可以用于茶几、餐台,因而权利要求中所述防爆玻璃的结构和性能不需要发生改变以适应该用途。因此该用途限定对权利要求请求保护的产品本身没有产生影响。因此在判断防爆玻璃是否具有新颖性、创造性时,其用途限定不起作用。

(4)采用引用方式撰写的权利要求

对于采用引用方式撰写的权利要求,在确定其保护范围时应考虑所引用权利要求的全部内容,其实际的限定作用取决于所引用的内容对权利要求所保护的主题是否产生了影响。

▶【案例分析3-4-8】

权利要求1:请求保护一种放大器的伺服环;

权利要求2:为"一种射频信号放大电路,其包括一个功率放大器和根据权利要求1所述的放大器的功率伺服环"。

分析:上述权利要求的引用关系是允许的,对权利要求2保护范围的确定应当考虑所引用权利要求1的全部内容。

▶【案例分析3-4-9】

权利要求1:为"一种数据传输方法,包括以下步骤:步骤A;步骤B;步骤C";

权利要求2:仅仅为"一种用于实施权利要求1所述方法的设备"。

分析:权利要求2应包括所引用的权利要求1的全部内容,即权利要求2包括:一种设备,用于实施一种数据传输方法,该方法包括以下步骤:步骤A;步骤B;步骤C。此时应当具体分析方法特征对保护主题的实际限定作用是什么,以此确定权利要求的保护范围。

三、权利要求的类型"方法权利要求"

方法权利要求(活动的权利要求)包括有时间过程要素的活动(方法、用途)。属于活动的权利要求有制造方法、使用方法、通信方法、处理方法以及将产品用于特定用途的方法等权利要求。

▶【案例分析 3-4-10】

　　一种灯泡的制造方法,包括以下步骤:

　　提高光学系统分辨率的方法……

　　催化剂在烯烃聚合中的应用……

　　将除氧剂用于封存粮食的应用……

　　化合物 X 用于制备杀虫剂……

　　用途权利要求属于方法权利要求。需要注意的是,用途权利要求属于方法权利要求,不是产品权利要求。应当注意从权利要求的撰写措辞上区分用途权利要求和产品权利要求。

▶【案例分析 3-4-11】

　　"用化合物 X 作为杀虫剂"或者"化合物 X 作为杀虫剂的应用"是用途权利要求,属于方法权利要求;

　　"用化合物 X 制成的杀虫剂"或者"含化合物 X 的杀虫剂"不是用途权利要求,而是产品权利要求。

四、权利要求的表达形式"独立权利要求"

　　《专利法》第三十一条第一款规定,一件发明或者实用新型专利申请应当限于一项发明或实用新型,而对于一项发明或者实用新型来说,应当只有一项独立权利要求,但还可以包括多项直接或间接对该独立权利要求做限定的从属权利要求。

　　《专利法》第三十一条第一款还规定,属于一个总的发明构思的两项以上的发明或实用新型,可以作为一件申请提出。在这种情况下,权利要求书中可以有两项或两项以上独立权利要求。写在前面的独立权利要求被称为第一独立权利要求,其他独立权利要求被称为并列独立权利要求。

　　权利要求按形式划分,分为独立权利要求和从属权利要求。

　　独立权利要求(表达基本技术方案),是指从整体上反映发明或者实用新型的技术方案,记载解决技术问题的必要技术特征。必要技术特征是指,发明或者实用新型为解决其技术问题所不可缺少的技术特征,其总和足以构成发明或者实用新型的技术方案,使之区别于背景技术中所述的其他技术方案。判断某一技术特征是否为必要技术特征,应当从所要解决的技术问题出发并考虑说明书描述的整体内容,不应简单地将实施例中的技术特征直接认定为必要技术特征。

　　理解独立权利要求时需注意以下几点:

　　① 独立权利要求是解决技术问题的最基本的技术方案(必不可少的技术);

　　② 独立权利要求所限定的保护范围最大;

　　③ 独立权利要求记载全部必要技术特征;

　　④ 一件专利申请的权利要求书中,应当至少有一项独立权利要求;

⑤ 并列独立权利要求。当有两项或者两项以上独立权利要求时,写在最前面的独立权利要求被称为第一独立权利要求,其他权利要求被称为并列独立权利要求。

应当注意的是:有时并列独立权利要求也引用在前的独立权利要求。这种引用其他独立权利要求的权利要求是并列的独立权利要求,不能被看作从属权利要求。但是,对于这种引用另一权利要求的独立权利要求,在确定其保护范围时,被引用的权利要求的特征均应予以考虑,而其实际的限定作用应当最终体现在对该独立权利要求的保护主题产生了何种影响。

▶【案例分析 3-4-12】

权利要求 1:一种灯泡用的灯丝,……

权利要求 2:用权利要求 1 的灯丝制成的灯泡,……

权利要求 3:一种制造权利要求 2 所述灯泡的方法,……

▶【案例分析 3-4-13】

一种实施权利要求 1 的方法的装置,……

一种制造权利要求 1 的产品的方法,……

一种包含权利要求 1 的部件的设备,……

与权利要求 1 的插座相配合的插头,……

五、权利要求的表达形式"从属权利要求"

权利要求按形式划分,分为独立权利要求和从属权利要求。

从属权利要求(表达优选技术方案),是指如果一项权利要求包含了另一项同类型权利要求中的所有技术特征,且对该另一项权利要求的技术方案做了进一步的限定,则该权利要求为从属权利要求。

理解从属权利要求时需注意以下三点:

(1)由于从属权利要求用附加的技术特征对所引用的权利要求做了进一步的限定,所以其保护范围落在其所引用的权利要求的保护范围之内。

(2)从属权利要求中的附加技术特征,可以是对所引用的权利要求的技术特征做进一步限定的技术特征,也可以是增加的技术特征。

▶【案例分析 3-4-14】

权利要求 1:一种由枕套和枕芯构成的预防和治疗颈椎病的枕头,其特征在于该枕头的中间部分有凹陷槽和颈垫;

权利要求 2:如权利要求 1 的枕头,其特征在于凹陷槽可制成长方形或弧形,其中长方形的长 100 mm,宽 80 mm,深 20 mm;

权利要求 3:如权利要求 1 的枕头,其特征在于颈垫是近似于颈椎生理曲度的弧形凸突物,高 30 mm,宽 80 mm,内装有永磁体和药物;

权利要求 4:根据权利要求 1 或 2 的枕头,其特征在于凹陷槽内有衬垫,该衬垫的增减可改变凹陷槽的深浅。

（3）在某些情况下,形式上的从属权利要求(即其包含有从属权利要求的引用部分),实质上不一定是从属权利要求。

▶【案例分析 3-4-15】

权利要求 1:包括特征 X 的机床(独权 1);

权利要求 2:根据权利要求 1 所述的机床,其特征在于用特征 Y 代替特征 X。

分析:在上述举例中,权利要求 2 也是独立权利要求。因此,不能仅从撰写的形式上判定在后的权利要求为从属权利要求。

第四章
说明书的撰写

说明书是申请人向专利局提交的公开其发明或者实用新型的技术内容的一种法律文件。因此,《专利法》第二十六条第三款和《专利法实施细则》第十七条分别对说明书撰写的实质性要求和形式要求做了明确规定。

第一节 说明书撰写的实质性要求

依据《专利法》第二十六条第三款规定,说明书应当对发明或者实用新型做出清楚、完整的说明,以所属技术领域的技术人员能够实现为准。也就是说,说明书应当满足充分公开发明或者实用新型的要求。

一、清楚

说明书的内容撰写应当清楚,具体应满足下述要求:

1. 主题明确

主题明确具体是指所要解决的技术问题明确、采用的技术方案明确和所得到的有益效果明确。说明书应当从现有技术出发,明确地反映出发明或者实用新型想要做什么和如何去做,使所属技术领域的技术人员能够确切地理解该发明或者实用新型要求保护的主题。换句话说,说明书应当写明发明或者实用新型所要解决的技术问题以及解决其技术问题采用的技术方案,并对照现有技术写明发明或者实用新型的有益效果。上述技术问题、技术方案和有益效果应当相互适应,不得出现相互矛盾或不相关联的情形。

2. 表述准确

表述准确具体是指撰写说明书时所采用的技术术语和技术内容的表述准确。说明书应当使用发明或者实用新型所属技术领域的技术术语;说明书的表述应当准确地表达发明或者实用新型的技术内容,不得含糊不清或者模棱两可,以致所属技术领域的技术人员不能清楚、正确地理解该发明或者实用新型。

二、完整

完整的说明书应当包括有关理解、实现发明或者实用新型所需的全部技术内容。一份完整的说明书应当包含下列各项内容：

（1）帮助理解发明或者实用新型不可缺少的内容。例如，有关所属技术领域、背景技术状况的描述以及说明书有附图时的附图说明等。

（2）确定发明或者实用新型具有新颖性、创造性和实用性所需的内容。例如，发明或实用新型所要解决的技术问题、解决其技术问题采用的技术方案和发明或实用新型的有益效果。

（3）实现发明或者实用新型所需的内容。例如，为解决发明或者实用新型的技术问题而采用的技术方案的具体实施方式。

对于克服了技术偏见的发明或者实用新型，说明书中还应当解释为什么说该发明或者实用新型克服了技术偏见，新的技术方案与技术偏见之间的差别以及为克服技术偏见所采用的技术手段。应当指出，凡是所属技术领域的技术人员不能从现有技术中直接、唯一地得出的有关内容，均应当在说明书中描述。

三、能够实现

所属技术领域的技术人员能够实现，是指所属技术领域的技术人员按照说明书记载的内容，就能够实现该发明或者实用新型的技术方案，解决其技术问题，并且产生预期的技术效果。其中，所属技术领域的技术人员，也可称为本领域的技术人员，是指一种假设的"人"，假定他知晓申请日或者优先权日之前发明所属技术领域所有的普通技术知识，能够获知该领域中所有的现有技术，并且具有应用该日期之前常规实验手段的能力，但他不具有创造能力。如果所要解决的技术问题能够促使本领域的技术人员在其他技术领域寻找技术手段，他也应具有从该其他技术领域中获知该申请日或优先权日之前的相关现有技术、普通技术知识和常规实验手段的能力。

说明书应当清楚地记载发明或者实用新型的技术方案，详细地描述实现发明或者实用新型的具体实施方式，完整地公开对于理解和实现发明或者实用新型必不可少的技术内容，达到所属技术领域的技术人员能够实现该发明或者实用新型的程度。审查员如果有合理的理由质疑发明或者实用新型没有达到充分公开的要求，则应当要求申请人予以澄清。

由于缺乏解决技术问题的技术手段而被认为无法实现的情形举例：

1. 说明书中只给出任务和/或设想，或者只表明一种愿望和/或结果，而未给出任何使所属技术领域的技术人员能够实施的技术手段。

▶【案例分析 4-1-1】

一项有关"风铃"的发明，说明书中记载的技术内容仅有："该风铃装置具有音色能随气温上升而变高，随气温下降而变低的特征。"

分析:由于说明书中没有公开如何制造这种风铃,采用何种材料,风铃的结构是什么,如何实现音色能随气温上升而变高,随气温下降而变低,说明书中只给出了发明的任务和设想,而没有记载任何技术手段,本领域技术人员根据说明书的记载不能制造出这种风铃,因此说明书公开不充分。

2.说明书中给出了技术手段,但对所属技术领域的技术人员来说,该手段是含糊不清的,根据说明书记载的内容无法具体实施。

▶【案例分析4-1-2】

说明书中公开了一种化工设备,用于 A 产品的生产。其中,在说明书中对化工设备的结构给出了详细说明,并指明该设备中装填了一种特殊的高效填料,但未给出高效填料的成分。

分析:该说明书并未公开对实现本发明的发明目的起关键作用的特殊高效填料的成分,实际上申请人将这种关键的特殊高效填料作为技术秘密而保留。因此,说明书中仅给出了含糊不清的技术手段,致使本领域技术人员根据说明书的记载无法实施该发明的技术方案,解决其技术问题,因此说明书公开不充分。

3.说明书中给出了技术手段,但所属技术领域的技术人员采用该手段并不能解决发明或者实用新型所要解决的技术问题。

▶【案例分析4-1-3】

一种脱除硫化氢的方法:所用脱硫剂为木质素磺酸钙、木质素磺酸钠或造纸厂的废黑液。

分析:本领域技术人员公知事实上只能使用含5%废黑液的脱硫剂,否则会使得泡沫太多,无法使用。对比本申请,申请人将"X 消泡剂"技术秘密保留而未写入说明书,所以使得采用目前没有具体百分含量的废黑液的手段不能解决发明要解决的技术问题,从而造成技术方案未充分公开。

4.申请的主题为由多个技术手段构成的技术方案,对于其中一个技术手段,所属技术领域的技术人员按照说明书记载的内容并不能实现。

▶【案例分析4-1-4】

一项发明名称为"一种机械玩具动物"的发明专利申请,说明书中指出"除动力、传动变速机构外,主要是设计一套控制机构和一对能支撑地面以移动重心而完成姿态改变的座杆"。

分析:说明书中没有描述保证动物玩具实现蹲下、坐立、趴下、站立、行走等一系列动作的控制机构的具体结构。因此所属技术领域的技术人员根据说明书内容无法实现发明。

5.说明书中给出了具体的技术方案,但未给出实验证据,而该方案又必须依赖实验结果加以证实才能成立。

▶ **【案例分析 4-1-5】**

已知药物的新用途发明。申请人声称克服了本领域技术人员普遍存在的偏见,发现该药物可用于治疗某种新的疑难病症,但是没有任何理论依据,也未提供任何实验数据加以证明。

分析:对于化学领域而言,尤其是已知药物的新用途发明,其技术方案往往依赖实验结果加以证实才能成立,如果未公开实验数据,则造成公开不充分。

第二节　说明书撰写的形式要求

《专利法实施细则》第十七条规定了专利文件中说明书的撰写方式及顺序,发明或者实用新型专利申请的说明书包括发明名称、技术领域、背景技术、发明内容、附图说明和具体实施方式。其中:

(1)发明名称应当与请求书中的名称一致。

(2)发明内容是说明书的核心内容,包括要解决的技术问题、技术方案和有益效果三部分。

(3)说明书文字部分可以有化学式、数学式或者表格,但不得有插图。

(4)说明书文字部分写有附图说明的,说明书应当有附图;说明书有附图的,说明书文字部分应当有附图说明;说明书文字部分写有附图说明但说明书无附图或者缺少相应附图的,应当通知申请人取消说明书文字部分的附图说明,或者在指定的期限内补交相应附图。申请人补交附图的,以向专利局提交或者邮寄补交附图之日为申请日,审查员应当发出重新确定申请日通知书。申请人取消相应附图说明的,保留原申请日。

(5)说明书应当用阿拉伯数字顺序编写页码。

发明或者实用新型的说明书应当按照发明名称、技术领域、背景技术、发明内容、附图说明和具体实施方式的顺序撰写,并在每一部分前面写明标题。以下几节结合说明书撰写的实质性要求,按照上述顺序详细说明每项的撰写要求。

第三节　说明书名称

说明书第一页第一行应当写明发明名称,且发明名称与说明书正文之间应当空一行;说明书中的发明名称应当与请求书中的名称一致,并左右居中;发明名称前面不得冠以"发明名称"或者"名称"等字样。发明名称的撰写的具体要求如下:

(1)发明名称一般不得超过 25 个字,特殊情况下,最多 40 个字。例如,化学领域的某些发明,可以允许最多 40 个字。

(2)采用所属技术领域通用的技术术语。

（3）清楚、简要、全面地反映发明创造要求保护的主题和类型。其中，主题和类型是指专利保护的对象、产品或方法。

▶【案例分析 4-3-1】

一件申请要求保护拉链产品和该拉链制造方法两项发明。

名称:拉链及其制造方法(√)。

▶【案例分析 4-3-2】

一种机动车后视镜。

名称:一种制作机动车后视镜的方法(√);一种机动车后视镜的装置(√);

一种制作机动车后视镜的技术(×);一种制作机动车后视镜的方案(×)。

▶【案例分析 4-3-3】

权利要求请求保护技术方案的主题:"一种防滑轮胎"及"具有防滑轮胎的汽车"。

名称:汽车轮胎防滑技术(×);防滑轮胎(×);防滑轮胎及其应用(√)。

（4）发明名称中不得含有非技术词语。如,人名、地名、商标、型号、商品名称、商业性宣传用语。

▶【案例分析 4-3-4】

人名。

名称:周林频谱治疗仪(×);频谱匹配治疗装置(√)。

▶【案例分析 4-3-5】

地名。

名称:针对贵州新发现氟源的降氟组合燃料(×);洪山菜薹的种植方法(×)。

▶【案例分析 4-3-6】

商标。

名称:癣灵露配制方法(×);小儿速效感冒灵的制作方法(×)。

▶【案例分析 4-3-7】

型号、商业性宣传用语。

名称:GCQ 型高效磁化除垢器(×);便携式牙刷(√)。

（5）发明名称中也不得含有含糊的词语。如"及其他""及其类似物"等词语。

（6）发明名称中也不得仅使用笼统的词语,致使未给出任何发明信息。如仅用"方法""装置""组合物""化合物"等词作为发明名称。

第四节 说明书正文

一、技术领域

技术领域:说明书正文中写明要求保护的技术方案所属的技术领域。

发明或者实用新型的技术领域应当是要求保护的发明或者实用新型技术方案所属或者直接应用的具体技术领域,而不是上位的或者相邻的技术领域,也不是发明或者实用新型本身。该具体的技术领域往往与发明或者实用新型在国际专利分类表中可能分入的最低位置有关。

▶【案例分析 4-4-1】

一项关于挖掘机悬臂的发明,其改进处是将背景技术中长方形悬臂截面改为椭圆形截面。

技术领域:本发明涉及一种挖掘机,特别是涉及一种挖掘机悬臂(√,具体的技术领域)。

技术领域:本发明涉及一种建筑机械(×,上位的技术领域)。

技术领域:本发明涉及挖掘机悬臂的椭圆形截面或者本发明涉及一种截面为椭圆形的挖掘机悬臂(×,发明本身)。

▶【案例分析 4-4-2】

一项关于茶杯的发明,其改进之处是将已有技术中的光滑把手改为带有凹槽的把手。

技术领域:本发明涉及一种把手上带有凹槽的茶杯(×,发明本身)。

技术领域:本发明涉及日常生活用品(×,上位的技术领域)。

技术领域:本发明涉及一种茶杯,尤其涉及在其把手上设置有便于使用者拿握的防滑结构的茶杯(√,具体的技术领域)。

二、背景技术

发明或者实用新型说明书的背景技术部分主要包括三方面内容:

1.应当写明对发明或者实用新型的理解、检索、审查有用的背景技术,简要写明该现有技术的主要结构和原理。

2.尽可能引证反映这些背景技术的文件,尤其要引证包含发明或者实用新型权利要求书中的独立权利要求前序部分技术特征的现有技术文件,即引证与发明或者实用新型专利申请最接近的现有技术文件。

3.在说明书背景技术部分中还要客观地指出背景技术中存在的问题和缺点,需要注意的是,问题和缺点仅限于与发明或者实用新型的技术方案解决问题相关的且发明所能解决的问题和缺点,切忌采用诽谤性语言描述现有技术存在的问题和缺点(如有申请人在背景技术中引证某文件,称"该文件的技术方案不合理,体现出发明人的无知");在可能的情况下,说明存在这种问题和缺点的原因以及解决这些问题时曾经遇到的困难。

▶【案例分析4-4-3】

背景技术的描述:人们到外地工作、旅行,日常洗漱用品是随身之物。为了携带方便和保持刷毛卫生,出现了便携式旅行漱具。目前在市场上最常见的便携式漱具有两种,一种便携式漱具由漱具盒、普通牙刷、牙膏袋组成,携带时将牙刷、牙膏袋放入漱具盒,使用时从盒中取出即可,但这样的漱具盒太大,不便携带。随后,出现了便携式牙刷,由牙刷本体和兼作刷柄的盒体组成,牙刷本体可以活动地装在此盒体上。不刷牙时,可将牙刷本体从盒体一侧的开口插入此盒,防止刷毛在旅行携带时被弄脏;使用时将牙刷本体取出,倒过来安装在盒体上,即可刷牙。这样的牙刷体积小,便于携带,但在旅行时还需另带牙膏,牙刷和牙膏是分开的。

日本实用新型公开说明书××-××××公开了一种牙刷、牙膏袋在携带时合为一体的旅行牙刷,此旅行牙刷也有一个可兼作刷柄的盒体,此盒体容积比上面所述市场上见到的便携式牙刷的盒体略大一些,其内还可放置一管旅行用的小包装牙膏袋,携带时也可将此小包装牙膏袋从盒体上开口放到兼作刷柄的盒体内,因此三者在携带时成为一体,比较方便。但是,在每次使用牙刷时,还必须从盒体中取出牙膏袋,用毕后再放回。

背景技术的牙刷可能存在多种缺陷,如刷毛过硬、刷毛排列形状不利于牙齿保健、易损伤牙齿等,但这些缺陷与本发明"便携式牙刷"要解决的问题无关,因而不宜将这些问题写入背景技术,而应着重描述背景技术中便携式牙刷所存在的问题,如挤牙膏不方便,而这正是本发明可以解决的问题。

综上,说明书中背景技术描述的作用是引出与发明要解决问题相关的背景技术中存在的问题,为发明内容奠定基础,即告知发明产生的基础。

说明书中引证的文件可以是专利文件,也可以是非专利文件。例如,期刊、杂志、手册和书籍等。引证专利文件的,至少要写明专利文件的国别、公开号,最好包括公开日期;引证非专利文件的,要写明这些文件的标题和详细出处。引证文件还应当满足以下要求:

(1)引证文件应当是公开出版物,除纸件形式外,还包括电子出版物等形式。

(2)所引证的非专利文件和外国专利文件的公开日应当在本申请的申请日之前;所引证的中国专利文件的公开日不能晚于本申请的公开日。

(3)引证外国专利或非专利文件的,应当以所引证文件公布或发表时的原文所使用的文字写明引证文件的出处以及相关信息,必要时给出中文译文,并将译文放置在括号内。

三、发明内容

发明内容是说明书的核心内容,发明内容部分应当清楚、客观地写明"要解决的技术问题、技术方案和有益效果"三方面内容。

(一)发明内容要解决的技术问题

发明或者实用新型所要解决的技术问题,是指发明或者实用新型要解决的现有技术中存在的问题。发明或者实用新型专利申请记载的技术方案应当能够解决这些技术问题。该部分的内容相对于前面的"背景技术"和后面的"技术方案",起到一个承上启下的作用。因此,要解决的问题一定是背景技术部分提到的现有技术中存在的问题,且该问题能够采用本发明的技术方案进行解决。

发明或者实用新型所要解决的技术问题的撰写要求:

(1)针对现有技术中存在的缺陷或不足。

(2)用正面的、尽可能简洁的语言客观而有根据地反映发明或者实用新型要解决的技术问题,也可以进一步说明其技术效果。

(3)对发明或者实用新型所要解决的技术问题的描述不得采用广告式宣传用语。

(4)一件专利申请的说明书可以列出发明或者实用新型所要解决的一个或者多个技术问题,但是同时应当在说明书中描述解决这些技术问题的技术方案。当一件申请包含多项发明或者实用新型时,说明书中列出的多个要解决的技术问题应当都与一个总的发明构思相关。

▶【案例分析 4-4-4】

本发明要解决的技术问题是提供一种使用、携带更方便的便携式牙刷(技术问题),不仅携带时牙刷与牙膏袋合成一体,而且在使用时不必从盒体中来回取放牙膏袋即可刷牙(技术效果)。

(二)发明内容的技术方案

说明书中记载的技术方案是发明或者实用新型专利申请的核心。《专利法实施细则》第十七条第一款第三项所说的写明发明或者实用新型解决其技术问题所采用的技术方案是指清楚、完整地描述发明或者实用新型解决其技术问题所采取的技术方案的技术特征。在技术方案这一部分,至少应反映包含全部必要技术特征的独立权利要求的技术方案,还可以给出包含其他附加技术特征的进一步改进的技术方案。

技术方案的作用:部分首次从总体上公开发明;通过阅读发明的技术方案,可从总体上了解发明为解决其要解决的技术问题所采取的技术手段,了解发明的核心。

技术方案的撰写要求:

(1)应当能够解决在"所解决的技术问题"中描述的那些技术问题。

(2)说明书中记载的这些技术方案应当与权利要求所限定的相应技术方案的表述相一致。

（3）应当先写独立权利要求的技术方案。一般情况下,说明书技术方案部分首先应当写明独立权利要求的技术方案,其用语应当与独立权利要求的用语相应或者相同,以发明或者实用新型必要技术特征总和的形式阐明其实质,必要时说明必要技术特征总和与发明或者实用新型效果之间的关系。

（4）应当后写进一步改进的技术方案。可以通过对该发明或者实用新型的附加技术特征的描述,反映对其做进一步改进的从属权利要求的技术方案。

（5）如果一件申请中有几项发明或者几项实用新型,应当说明每项发明或者实用新型的技术方案。

（三）发明内容的有益效果

有益效果,是指由构成发明或者实用新型的技术特征直接带来的,或者是由所述的技术特征必然产生的技术效果。有益效果是确定发明是否具有"显著的进步"、实用新型是否具有"进步"的重要依据。

说明书应当清楚、客观地写明发明或者实用新型与现有技术相比所具有的有益效果。通常,有益效果可以由产率、质量、精度和效率的提高;能耗、原材料、工序的节省;加工、操作、控制、使用的简便;环境污染的治理或者根治;以及有用性能的出现等方面反映出来。

有益效果的撰写要求:

（1）有益效果可以通过对发明或者实用新型结构特点的分析和理论说明相结合,或者通过列出实验数据的方式予以说明。

（2）有益效果不得只采用断言发明或者实用新型具有有益效果的方式来说明。

（3）无论用哪种方式说明有益效果,都应当与现有技术进行比较,指出发明或者实用新型与现有技术的区别。

（4）机械、电气领域中的发明或者实用新型的有益效果,在某些情况下可以结合发明或者实用新型的结构特征和作用方式进行说明。

（5）化学领域中的发明,在大多数情况下是借助于实验数据来予以说明,不适于（4）中用的方式说明发明的有益效果。

（6）对于目前尚无可取的测量方法而不得不依赖于人的感官判断的,例如味道、气味等,可以采用统计方法表示的实验结果来说明有益效果。

（7）在引用实验数据说明有益效果时,应当给出必要的实验条件和方法。

四、附图说明

附图说明,是说明书的一个组成部分,其作用在于用图形补充说明书文字部分的描述,使人能够直观地、形象地理解发明的每个技术特征和整体技术方案。

附图说明的撰写要求:

（1）说明书有附图的,应给出附图说明。

（2）应当写明各幅附图的图名,并且对图示的内容做简要说明。

（3）附图不止一幅的,应当对所有附图做出图面说明。

（4）有几幅附图时,按照"图1、图2"的顺序排列。

（5）在零部件较多的情况下,允许用列表的方式对附图中具体零部件名称列表说明。

（6）说明书和附图中相同的附图标记应当表示同一组成部分。

（7）说明书中未提及的附图标记不得在附图中出现,附图中未出现的附图标记也不得在说明书文字部分中提及。

▶【案例分析4-4-5】

一件发明名称为"燃煤锅炉节能装置"的专利申请,其说明书包括四幅附图,这些附图的图面说明如下:

图1是燃煤锅炉节能装置的主视图。

图2是图1所示节能装置的侧视图。

图3是图2中的A向视图。

图4是沿图1中B-B线的剖视图。

▶【案例分析4-4-6】

牙刷案例的附图说明。

下面结合附图和具体实施方式对本发明做进一步详细的说明。

图1是本发明便携式牙刷第一个具体实施方式的剖视图。

图2是本发明便携式牙刷另一个具体实施方式的剖视图。

五、具体实施方式

实现发明或者实用新型的优选的具体实施方式是说明书的重要组成部分,它对于充分公开、理解和实现发明或者实用新型,支持和解释权利要求都是极为重要的。具体实施方式部分详细地记载发明的技术方案的实施过程,展示实施例的各个具体细节,是判断说明书是否充分公开、说明书是否能够支持权利要求的保护范围的重要依据。

在具体实施方式部分,对最接近的现有技术或者发明或实用新型与最接近的现有技术共有的技术特征,一般来说可以不做详细的描述,但对发明或者实用新型区别于现有技术的技术特征以及从属权利要求中的附加技术特征应当足够详细地描述,以所属技术领域的技术人员能够实现该技术方案为准。应当注意的是,为了方便专利审查,也为了帮助公众更直接地理解发明或者实用新型,对于那些就满足《专利法》第二十六条第三款的要求而言必不可少的内容,不能采用引证其他文件的方式撰写,而应当将其具体内容写入说明书。

具体实施方式的撰写要求如下:

（1）详细描述申请人认为实现发明或者实用新型的优选的具体实施方式。在适当情况下,适当举例说明;有附图的应当结合附图进行描述。

（2）优选的具体实施方式应当体现申请中解决技术问题所采用的技术方案,并应当对权利要求的技术特征给予详细说明,以支持权利要求。

（3）对优选的具体实施方式的描述应当详细,使发明或者实用新型所属技术领域的技术人员能够实现该发明或者实用新型。

（4）实施例是对发明或者实用新型的优选的具体实施方式的举例说明。实施例的数量应当根据发明或者实用新型的性质、所属技术领域、现有技术状况以及要求保护的范围来确定。

（5）当一个实施例足以支持所概括的技术方案时,可只给一个实施例;当概括的技术方案不能从一个实施例中找到依据时,应当给出一个以上不同实施例,以支持要求保护的范围。

（6）当权利要求相对于背景技术的改进涉及数值范围时,通常应给出两端值附近(最好是两端值)的实施例;当数值范围较宽时,还应当给出至少一个中间值的实施例。

➤ 【案例分析4-4-7】

某申请发明涉及温度范围,其权利要求中相应技术特征为"温度为 $50 \sim 150 \, ℃$"。

实施例:仅给出 $50 \, ℃$（×）;温度范围不宽时给出两段值"$50 \, ℃$、$150 \, ℃$"（√）;温度范围较宽时也要给出中间值"$50 \, ℃$、$100 \, ℃$、$150 \, ℃$"（√）。

（7）在发明或者实用新型技术方案比较简单的情况下,如果说明书涉及技术方案的部分已经就发明或者实用新型专利申请所要求保护的主题做出了清楚、完整的说明,说明书就不必在涉及具体实施方式部分再做重复说明。

（8）对于产品的发明或者实用新型,实施方式或者实施例应当描述产品的机械构成、电路构成或者化学成分,说明组成产品的各部分之间的相互关系。对于可动作的产品,只描述其构成不能使所属技术领域的技术人员理解和实现发明或者实用新型时,还应当说明其动作过程或者操作步骤。

（9）对于方法发明,应写明其步骤,包括可以用不同参数或者参数范围表示的工艺条件。

（10）对照附图描述发明或者实用新型的优选的具体实施方式时,使用的附图标记或者符号应当与附图中所示一致,并放在相应的技术名称的后面,不加括号。

➤ 【案例分析4-4-8】

电路连接说明。

实施例:电阻3通过三极管4的集电极与电容5相连接（√）;3通过4与5连接（×）。

第五节　说明书附图

说明书附图是说明书的一个组成部分。附图的作用在于用图形补充说明书文字部分的描述,使人能够直观地、形象地理解发明或者实用新型的每个技术特征和整体技术方案。对于机械和电学技术领域中的专利申请,说明书附图的作用尤其明显。因此说明书附图应该清楚地反映发明或者实用新型的内容。

说明书附图的几点说明:

1.对于机械和电学技术领域中的专利申请,附图的作用尤其明显。

2.对于某些发明专利申请,用文字足以清楚、完整地描述其技术方案的,可以没有附图。

3.实用新型专利申请的说明书必须有附图。

4.一件专利申请有多幅附图时,在用于表示同一实施方式的各幅图中,表示同一组成部分(同一技术特征或者同一对象)的附图标记应当一致。

5.说明书中与附图中使用的相同的附图标记应当表示同一组成部分。

6.说明书文字部分中未提及的附图标记不得在附图中出现,附图中未出现的附图标记也不得在说明书文字部分中提及。

7.附图中除了必需的词语外,不应当含有其他的注释;但对于流程图、框图一类的附图,应当在其框内给出必要的文字或符号。

8.附图集中放在说明书文字部分之后。

9.关于附图的绘制要求如下。

(1)说明书附图应当使用包括计算机在内的制图工具和黑色墨水绘制,线条应当均匀清晰,不得着色和涂改,不得使用工程蓝图。

(2)剖面图中的剖面线不得妨碍附图标记线和主线条的清楚识别。

(3)几幅附图可以绘制在一张图纸上。一幅总体图可以绘制在几张图纸上,但应当保证每一张上的图都是独立的,而且当全部图纸组合起来构成一幅完整总体图时又不互相影响其清晰程度。附图的周围不得有与图无关的框线。附图总数在两幅以上,应当使用阿拉伯数字顺序编号,并在编号前冠以"图"字,例如图1、图2,该编号应当标注在相应附图的正下方。

(4)附图应当尽量竖向绘制在图纸上,彼此明显分开。当零件横向尺寸明显大于竖向尺寸必须水平布置时,应当将附图的顶部置于图纸的左边。一页图纸上有两幅以上的附图,且有一幅已经水平布置时,该页上其他附图也应当水平布置。

(5)附图标记应当使用阿拉伯数字编号。说明书文字部分中未提及的附图标记不得在附图中出现,附图中未出现的附图标记不得在说明书文字部分中提及。申请文件中表示同一组成部分的附图标记应当一致。

(6)附图的大小及清晰度,应当保证在该图缩小到三分之二时仍能清晰地分辨出图中各个细节,以能够满足复印、扫描的要求为准。

（7）同一附图中应当采用相同比例绘制，为使其中某一组成部分清楚显示，可以另外增加一幅局部放大图。附图中除必需的词语外，不得含有其他注释。附图中的词语应当使用中文，必要时，可以在其后的括号里注明原文。

（8）流程图、框图应当作为附图，并应当在其框内给出必要的文字和符号。一般不得使用照片作为附图，但特殊情况下，例如显示金相结构、组织细胞或者电泳图谱时，可以使用照片贴在图纸上作为附图。

（9）说明书附图应当用阿拉伯数字顺序编写页码。

第六节　说明书撰写的其他要求

除了上述发明名称、技术领域、背景技术、发明内容（要解决的技术问题、技术方案、有益效果）、附图说明和具体实施各项的具体撰写要求之外，说明书的其他撰写要求如下：

1. 说明书应当用词规范，语句清楚。即说明书的内容应当明确，无含糊不清或者前后矛盾之处，使所属技术领域的技术人员容易理解。

2. 说明书应当使用发明或者实用新型所属技术领域的技术术语。对于自然科学名词，国家有规定的，应当采用统一的术语，国家没有规定的，可以采用所属技术领域约定俗成的术语，也可以采用鲜为人知或者最新出现的科技术语，或者直接使用外来语（中文音译或意译词），但是其含义对所属技术领域的技术人员来说必须是清楚的，不会造成理解错误；必要时可以采用自定义词，在这种情况下应当给出明确的定义或者说明。一般来说，不应当使用在所属技术领域中具有基本含义的词汇来表示其本意之外的其他含义，以免造成误解和语义混乱。说明书中使用的技术术语与符号应当前后一致。

▶【案例分析4-6-1】

采用该技术领域的技术术语。

一种按摩耳穴的橡胶指套，在指套的表面有若干小突起。

技术术语：按摩指套（√），捏压灵（×）。

一种嫩竹枝在香料中浸泡而制成的熏香。

技术术语：按摩指套熏香（√），竹枝香（×）。

▶【案例分析4-6-2】

采用国家规定的统一用语：激光（√），镭射（×）。

▶【案例分析4-6-3】

技术术语和符号应前后一致：接收器和接收仪；锁定装置和锁合装置。

3. 说明书应当使用中文（申报中国专利），但是在不产生歧义的前提下，个别词语可以使用中文以外的其他文字。在说明书中第一次使用非中文技术名词时,应当用中文译文加以注释或者使用中文给予说明。

在下述情况下可以使用非中文表述形式:

本领域技术人员熟知的技术名词可以使用非中文形式表述。例如,用"EPROM"表示可擦除可编程只读存储器;用"CPU"表示中央处理器;但在同一语句中连续使用非中文技术名词可能造成该语句难以理解的,则不允许。

计量单位、数学符号、数学公式、各种编程语言、计算机程序、特定意义的表示符号(例如,中国国家标准缩写 GB)等可以使用非中文形式。

4. 所引用的外国专利文献、专利申请、非专利文献的出处和名称应当使用原文,必要时给出中文译文,并将译文放置在括号内。

5. 说明书中的计量单位应当使用国家法定计量单位,包括国际单位制计量单位和国家选定的其他计量单位。必要时可以在括号内同时标注本领域公知的其他计量单位。

6. 说明书中无法避免使用商品名称时,其后应当注明其型号、规格、性能及制造单位。

7. 说明书中应当避免使用注册商标来确定物质或者产品。例如,可口可乐。

8. 说明书中不得使用"如权利要求……所述的……"一类引用语,也不得使用商业性宣传用语。

第七节　说明书阅读的建议

说明书阅读的建议包括以下几点:

1. 说明书阅读的要点

说明书阅读的要点应包括了解发明所要解决的技术问题,为解决所述技术问题而采取的技术方案,该技术方案所能带来的有益效果等。

2. 说明书阅读的顺序

说明书通常采用顺序阅读,由浅入深,由粗到细;当第三部分对发明的概述过于抽象时,可以先看附图说明和具体实施方式,再阅读发明内容。

3. 说明书阅读的技巧

首先,阅读发明所属的技术领域和背景技术;其次,阅读发明的内容,并参考附图来阅读说明书的描述是理解说明书记载内容比较简洁而高效的手段;最后,阅读具体实施方式。实现发明的具体实施方式是说明书的重要组成部分,对于充分公开、理解和实现发明,支持和解释权利要求极为重要,应当认真阅读。

第八节　说明书摘要

一、摘要文字

摘要文字,应当写明发明所公开内容的概要,即写明发明的名称和所属技术领域,并清楚地反映所要解决的技术问题、解决该问题的技术方案的要点及主要用途;摘要文字部分不得使用商业性宣传用语,不得使用标题,全文(包括标点符号)不超过300 字。

二、摘要附图

说明书有附图的,申请人应当提交一幅最能说明该发明技术方案主要技术特征的附图作为摘要附图;摘要附图应当是说明书附图中的一幅,且摘要的附图标记应加括号;摘要附图的大小及清晰度应当保证在该图缩小到 4 厘米×6 厘米时,仍能被清楚地分辨出图中的各个细节;摘要中可以包含最能说明发明的化学式,该化学式可被视为摘要附图。

若申请人提交的摘要附图明显不能说明发明技术方案主要技术特征的,或者提交的摘要附图不是说明书附图之一的,审查员可以通知申请人补正,或者依职权指定一幅,并通知申请人。若申请人未提交摘要附图的,审查员可以通知申请人补正,或者依职权指定一幅,并通知申请人。审查员确认没有合适的摘要附图可以指定的,可以不要求申请人补正。

第五章

权利要求书的撰写

第一节　权利要求撰写的实质性要求

《专利法》第二十六条第四款和《专利法实施细则》第十九条至第二十二条对权利要求的内容及其撰写做了规定。《专利法》第二十六条第四款规定,权利要求书应当以说明书为依据,清楚、简要地限定要求专利保护的范围。《专利法实施细则》第十九条第一款规定,权利要求书应当记载发明或者实用新型的技术特征。

一、以说明书为依据

以说明书为依据,是指权利要求书应当以说明书为依据,即权利要求应当得到说明书的支持。权利要求书中的每一项权利要求所要求保护的技术方案应当是所属技术领域的技术人员能够从说明书充分公开的内容中得到或概括得出的技术方案,并且权利要求的概括不得超出说明书公开的范围。

权利要求通常由说明书记载的一个或者多个实施方式或实施例概括而成。权利要求的概括应当不超出说明书公开的范围。如果所属技术领域的技术人员可以合理预测说明书给出的实施方式的所有等同替代方式或明显变型方式都具备相同的性能或用途,则应当允许申请人将权利要求的保护范围概括至覆盖其所有的等同替代或明显变型的方式。

权利要求采用的"概括"的主要表现形式包括三种:用上位概念概括、用并列选择方式概括和用功能或者效果特征限定。分别如下所述:

1. 用上位概念概括

用上位概念概括一些下位概念时,利用下位概念的共性进行概括。如铆接、焊接、螺钉连接(上位:固定连接)。用上位概念概括的权利要求,在判断权利要求概括的技术方案是否得到说明书的支持时,应当考虑其概括的方案是否基于说明书中充分公开的具体实施方式的共性特征,本领域技术人员是否可以合理预测到说明书实施方式的等同替代方式或明显变型方式都具有与此相同的共性。

75

如果结论是肯定的,则应当允许申请人进行这样的概括。

如果权利要求的概括包含申请人推测的内容,而其效果又难于预先确定和评价,应当认为这种概括超出了说明书公开的范围。

如果权利要求的概括使所属技术领域的技术人员有理由怀疑该上位概括或并列概括所包含的一种或多种下位概念或选择方式不能解决发明所要解决的技术问题,并达到相同的技术效果,则应当认为该权利要求没有得到说明书的支持。

▶【案例分析 5-1-1】

说明书中记载了涉及"氟"和"氯"的实施例,在权利要求中用"卤族单质"这个上位概念来概括,如果结合本领域普通技术人员的专业常识可知,发明中采用"氟"和"氯"的单质时,利用的只是卤族元素的共性,则权利要求中用"卤族单质"进行概括是合理的。

与之相反,如果发明中采用"氟"和"氯"这两种单质时,利用的不仅仅是卤族元素的共性,还要求所述卤族元素的单质在常温、常压下呈气态,这时用卤族单质进行概括是不合理的,因为卤族单质中"溴"和"碘"的单质在常温下不是气态。

▶【案例分析 5-1-2】

一项关于"动物皮革"处理方法的发明专利申请,申请的说明书中仅公开了猪皮的处理方法,并没有说明该方法也适合于对其他皮革的处理。该权利要求中使用了上位概念"动物皮革",要求保护一种动物皮革的处理方法。

分析:说明书公开的是猪皮的处理方法,所属技术领域的技术人员都知道,猪皮、羊皮、牛皮等具有大致相同的性质,如果申请人在权利要求中将保护范围由猪皮扩大到羊皮、牛皮等,可以认为是合理的。但是,"动物皮革"是一个很宽泛的概念,例如蛇皮与猪皮的性质相差很大,适合处理猪皮的方法不一定适合处理蛇皮。因此将猪皮的处理方法概括到所有动物皮革的处理方法,显然包含了申请人推测的内容,而其效果又难以确定和评价,这种权利要求概括太宽,得不到说明书的支持。

▶【案例分析 5-1-3】

权利要求请求保护化合物作为植物病毒抑制剂的应用,但是在该申请说明书中只给出了化合物抗植物 TMV 病毒的效果数据。

分析:由于植物病毒包含了许多种类,如 TMV、PXV、CMV、PYV、TNV 等,其致病机理不完全相同,本领域技术人员根据说明书中的描述,结合现有技术,难以预测所述化合物对所有的植物病毒具有抑制活性。即权利要求的技术方案包含了申请人推测的内容,而其效果又难以预先确定和评价。因此,权利要求得不到说明书的支持。

▶【案例分析 5-1-4】

权利要求是"一种变形固定板,具有一个由柔软材料构成的外层……"。

分析:该权利要求采用"柔性材料"上位概念描述固定板的外层。虽然本申请说明书的实施例中仅描述了外层为"海绵",但说明书中已清楚地指出,所要保护的变形固定板的柔性材料外层是用于防止固定板的内部材料擦伤皮肤,而所属领域技术人员很容易想到满足该条件的柔性材料可以有很多,比如棉布等,并不局限于说明书中提及的海绵。因此,该权利要求能够得到说明书的支持。

▶【案例分析 5-1-5】

权利要求保护"一种制造车轮的方法"。

分析:该发明专利申请的说明书中仅公开了制造自行车车轮的方法,并没有说明该方法也适合于制造其他车轮,例如汽车车轮或列车车轮。由于权利要求中使用了上位概念"车轮",因此该权利要求的保护范围覆盖了制造所有车轮的方法,而说明书中只公开了制造自行车车轮的方法;由于各种车轮,例如自行车车轮、汽车车轮、列车车轮之间差异很大,用来制造自行车车轮的方法难以适用于制造所有不同类型的车轮;也就是说所属技术领域的技术人员不能合理地预测到说明书中所公开的制造自行车车轮的方法适用于制造所有的车轮,并达到本发明所要达到的效果,即权利要求的技术方案包含了申请人推测的内容,而其效果又难以预先确定和评价。因此该权利要求得不到说明书的支持。

▶【案例分析 5-1-6】

对于"用高频电能影响物质的方法"这样一个概括较宽的权利要求。

分析:如果说明书中只给出一个"用高频电能从气体中除尘"的实施方式,对高频电能影响其他物质的方法未做说明,而且所属技术领域的技术人员也难以预先确定或评价高频电能影响其他物质的效果,则该权利要求被认为未得到说明书的支持。

▶【案例分析 5-1-7】

对于"控制冷冻时间和冷冻程度来处理植物种子的方法"这样一个概括较宽的权利要求。

分析:如果说明书中仅记载了适用于处理一种植物种子的方法,未涉及其他种类植物种子的处理方法,而且园艺技术人员也难以预先确定或评价处理其他种类植物种子的效果,则该权利要求也被认为未得到说明书的支持。除非说明书中还指出了这种植物种子和其他植物种子的一般关系,或者记载了足够多的实施例,使园艺技术人员能够明了如何使用这种方法处理植物种子,才可以认为该权利要求得到了说明书的支持。

对于一个概括较宽又与整类产品或者整类机械有关的权利要求书,如果说明书中有较好的支持,并且也没有理由怀疑发明或者实用新型在权利要求范围内不可以实施,那么,即使这个权利要求范围较宽也是可以接受的。但是,当说明书中给出的信息不充分,所属技术领域的技术人员用常规的实验或者分析方法不足以把说明书记载的内容扩展到权利要求所述的保护范围时,除非申请人能做出解释,说明所属技术领域的技术人员在说明书给出信息的基础上,能够容易地将发明或者实用新型扩展到权利要求的保护范围;否则,应当要求申请人限制权利要求。

▶【案例分析 5-1-8】

对于"一种处理合成树脂成型物来改变其性质的方法"的权利要求。

分析:如果说明书中只涉及热塑性树脂的实施例,而且申请人又不能证明该方法也适用于热固性树脂,那么申请人就应当把权利要求限制在热塑性树脂的范围内。

2.用并列选择方式概括

用并列选择方式概括通常使用"或者"或者"和"并列几个必择其一的具体特征。例如特征 A、B、C 或者 D。

3.用功能或者效果特征限定

通常对产品权利要求来说,应当尽量避免使用功能或者效果特征来限定发明。只有在某一技术特征无法用结构特征来限定,或者技术特征用结构特征限定不如用功能或效果特征来限定更为恰当,而且该功能或者效果,能通过说明书中规定的实验或者操作或者所属技术领域的惯用手段直接和肯定地验证的情况下,使用功能或者效果特征来限定发明才可能是允许的。

用功能或效果限定的权利要求,应当注意以下几种情况:

(1)对于权利要求中所包含的功能性限定的技术特征,应当理解为覆盖了所有能够实现所述功能的实施方式。即对于含有功能性限定的特征的权利要求,应当注意该功能性限定是否得到说明书的支持。

(2)对于某一功能特征,如果本领域技术人员清楚明了实现该功能存在已知的方式,并且该功能特征所覆盖的除说明书以外的其他实施方式也能解决发明的技术问题,达到相同的技术效果,那么这种限定是允许的。

▶【案例分析 5-1-9】

权利要求 1 请求保护一种屋顶太阳能装置,并且说明书中仅仅描述了将其固定到屋顶的优选而非必选的一种特殊连接构件 X。从属权利要求限定该太阳能装置时表示还包括"一连接构件,用于将该装置固定到屋面"。如果本领域技术人员能判定该连接功能并非必须以说明书的特定方式 X 实现,且本领域已有的其他连接方式也能实现该目的,则这种描述是允许的。因为螺栓、扣件等其他连接构件是本领域技术人员很容易就能想到的替代方式。

(3)如果权利要求中限定的功能是以说明书实施例中记载的特定方式完成的,并且所属技术领域的技术人员不能明了此功能还可以采用说明书中未提到的其他替代方式来完成,或者所属技术领域的技术人员有理由怀疑该功能性限定所包含的一种或几种方式不能解决发明或者实用新型所要解决的技术问题,并达到相同的技术效果,则权利要求中不得采用覆盖了上述其他替代方式或者不能解决发明或实用新型技术问题的方式的功能性限定。

》【案例分析 5-1-10】

权利要求 1 是"一种机械玩具动物,由动力机构、传动机构及运动机构组成,其特征在于,该玩具包括一套能控制玩具动物实现蹲下、坐立、趴下、站立、行走的机构"。

分析:显然该权利要求特征部分所描述的控制机构是用功能来限定的,但说明书中只公开了控制机构的一个具体的实施例,以特定方式实现上述功能;所属技术领域的技术人员根据说明书的内容不能得出其他具有相同功能的机构。即本领域技术人员不能明了此功能还可以采用说明书中未提到的其他替代方式来完成,因此该权利要求得不到说明书的支持。

(4)如果说明书中仅以含糊的方式描述了其他替代方式也可能适用,但对所属技术领域的技术人员来说,并不清楚这些替代方式是什么或者怎样应用这些替代方式,则权利要求中的功能性限定也是不允许的。

(5)纯功能性的权利要求得不到说明书的支持,因而也是不允许的。所谓"纯功能性"权利要求,是指权利要求仅仅记载了发明要达到的目的或产生的效果,完全没有记载为达到这种目的或获得所述效果而采用的技术手段。

》【案例分析 5-1-11】

权利要求 1 是"一种茶杯,其特征在于能够保温"。

分析:由于该权利要求仅描述了发明所要达到的目的,是纯功能性的权利要求,其覆盖了所有能够实现上述效果的技术方案,而本领域技术人员难以将说明书公开的具体技术方案扩展到所有能够实现该功能的技术方案,因此该权利要求得不到说明书的支持。

》【案例分析 5-1-12】

一项权利要求为:"一种改善机动车尾气的方法,其特征在于降低机动车排放尾气中的有害气体,减少污染。"

分析:这一项权利要求是纯功能性的,它包括了所有通过降低尾气中的有害气体来改善机动车尾气的方法,这种权利要求得不到说明书的支持。

综上,在判断权利要求是否得到说明书的支持时,应该注意以下几点:

(1)在判断权利要求是否得到说明书的支持时,应当考虑说明书的全部内容,而不是仅限于具体实施方式部分的内容。如果说明书的其他部分也记载了有关具体实施方式或实施例的内容,从说明书的全部内容来看,能说明权利要求的概括是适当的,则应当认为权利要求得到了说明书的支持。

(2)对于包括独立权利要求和从属权利要求或者不同类型权利要求的权利要求书,需要逐一判断各项权利要求是否都得到了说明书的支持。独立权利要求得到说明书支持并不意味着从属权利要求也必然得到支持;方法权利要求得到说明书支持也并不意味着产品权利要求必然得到支持。

（3）当要求保护的技术方案的部分或全部内容在原始申请的权利要求书中已经记载，而在说明书中没有记载时，允许申请人将其补入说明书。但是权利要求的技术方案在说明书中存在一致性的表述，并不意味着权利要求必然得到说明书的支持。只有当所属技术领域的技术人员能够从说明书充分公开的内容中得到或概括得出该项权利要求所要求保护的技术方案时，记载该技术方案的权利要求才被认为得到了说明书的支持。

二、清楚

权利要求书是否清楚，对于确定发明或者实用新型要求保护的范围是极为重要的。

权利要求书应当清楚：一是指每一项权利要求应当清楚；二是指构成权利要求书的所有权利要求作为一个整体也应当清楚。具体如下所述：

1. 每项权利要求应当清楚，包括类型清楚和保护范围清楚。

（1）类型清楚

每项权利要求的类型应当清楚。权利要求的主题名称应当能够清楚地表明该权利要求的类型是"产品权利要求或方法权利要求"，应当注意：

① 不允许采用模糊不清的主题名称。如一种……技术（×）；一种……方案（×）。

② 不允许采用混合的主题名称。即在一项权利要求的主题名称中既包含产品又包含方法。如一种……产品及其制造方法（×）。

③ 权利要求的主题名称还应当与权利要求的技术内容相适应。

产品权利要求适用于产品发明或者实用新型，通常应当用产品的结构特征来描述。特殊情况下，当产品权利要求中的一个或多个技术特征无法用结构特征予以清楚地表征时，允许借助物理或化学参数表征；当无法用结构特征并且也不能用参数特征予以清楚地表征时，允许借助于方法特征表征。使用参数表征时，所使用的参数必须是所属技术领域的技术人员根据说明书的指导或通过所属技术领域的惯用手段可以清楚而可靠地加以确定的。

方法权利要求适用于方法发明，通常应当用工艺过程、操作条件、步骤或者流程等技术特征来描述。应当注意，用途权利要求属于方法权利要求。但应当注意从权利要求的撰写措辞上区分用途权利要求和产品权利要求。如"用化合物 X 作为杀虫剂"或者"化合物 X 作为杀虫剂的应用"是用途权利要求，属于方法权利要求；而"用化合物 X 制成的杀虫剂"或者"含化合物 X 的杀虫剂"，则不是用途权利要求，而是产品权利要求。

（2）保护范围清楚

每项权利要求所确定的保护范围应当清楚。权利要求的保护范围应当根据其所用词语的含义来理解。一般情况下，权利要求中的用词应当理解为相关技术领域通常具有的含义。在特定情况下，如果说明书中指明了某词具有特定的含义，并且使用了该词的权利要求的保护范围由于说明书中对该词的说明而被限定得足够清楚，这种情况也是允许的。但此时也应要求申请人尽可能修改权利要求,使得根据权利要求的表述即可明确其含义。

应当注意:

①不得使用含义不确定的用语。如"厚、薄、强、弱、高温、高压、很宽范围"等,除非这种用语在特定技术领域中具有公认的确切含义,如放大器中的"高频"。对没有公认含义的用语,如果可能,应选择说明书中记载得更为精确的措辞替换上述不确定的用语。

▶【案例分析5-1-13】

权利要求是"一种装饰照明装置,包括照明灯及连接的导线,该导线的电阻很小……"。

案例分析:"很小"是含义不确定的用语,在本领域没有公认的含义,由此造成权利要求的保护范围不清楚。如果说明书中记载所述导线的电阻小于0.1欧姆,允许申请人将"很小"替换为"小于0.1欧姆"。

应当说明的是:当相对性用语在所属领域具有公认的确切含义或者通常接受的确切含义时,不会导致权利要求不清楚。

▶【案例分析5-1-14】

无线电领域的"短波段、长波段、特高频率(VHF)波段",在本领域具有公认的确切含义,因而其限定的权利要求是清楚的。又如,集成电路领域的"薄膜技术"是一个公知用语,表示一项特定的与生产集成电路相关的工业技术。再如,化学高分子领域的线形低密度聚乙烯(LLDPE)、特低密度聚乙烯(VLDPE)在本领域具有公知的确切的含义,用其限定的权利要求也是清楚的。

②不得出现会在一项权利要求中限定出不同的保护范围的用语。如"最好、例如、特别是、必要时"等,因为这类用语会在一项权利要求中限定出不同的保护范围,导致保护范围不清楚。当权利要求中出现某一上位概念后面跟一个由上述用语引出的下位概念时,应当修改权利要求,允许在该权利要求中保留其中之一,或将两者分别在两项权利要求中予以限定。

▶【案例分析5-1-15】

一种铁锅的制造方法,某材料的冶炼温度为150~250℃,最好是200℃。

▶【案例分析5-1-16】

根据权利要求1的方法,其特征在于,所述媒体网关(MGW)除了检查所述终接的可连续性之外还等待必要时激活现在具有彼此不同编码的终接之间的代码变换,直到……

分析:该权利要求中的"必要时"限定两个不同保护范围,即"所述媒体网关除了检查所述终接的可连续性之外还等待激活现在具有彼此不同编码的终接之间的代码变换,直到……"和"所述媒体网关除了检查所述终接的可连续性之外不需要等待激活代码变换"。

▶【案例分析 5-1-17】

权利要求是"一种容器,其中充满气体,如果合适的话,气体为氢气……"。

分析:该权利要求中"如果合适的话"限定出"容器中充满气体"和"容器中充满氢气"两个不同的保护范围,导致权利要求的保护范围不清楚。

③尽量避免使用通常会使权利要求的保护范围不清楚的用语。如"约、接近、等、或类似物"等,因为这类用语通常会使权利要求的范围不清楚。当权利要求中出现了这类用语时,应当针对具体情况判断使用该用语是否会导致权利要求不清楚,如果不会,则允许。

▶【案例分析 5-1-18】

一种可重定向的连接上网系统,该系统中的用户数据模块存储有用户的身份、编号、使用时间、缴纳费用等数据。

▶【案例分析 5-1-19】

一台电脑桌,桌面基本上是平的。该权利要求表示在家具领域可容许的公差范围内,要求保护的电脑桌的桌面是平面,因此,该权利要求是清楚的。

▶【案例分析 5-1-20】

一种醇,其链长约为 3 个碳原子。因为醇中的碳原子个数只能是整数,不可能是小数,且本领域普通技术人员也无法判断该醇的链长到底是多少个碳原子,因此该权利要求不清楚。

▶【案例分析 5-1-21】

权利要求是"一种铸模的制备方法,该方法在约 200 ℃下进行……"。

申请人在说明书中指出利用油浴将温度控制在 200 ℃,而在本领域熟知在利用油浴对温度进行控制时,会存在一定范围的上下波动。此时权利要求中"约 200 ℃"表示存在一定误差的数值,因此,该权利要求是清楚的。

④除附图标记或者化学式及数学式中使用的括号之外,权利要求中应尽量避免使用括号,以免造成权利要求不清楚。如"(混凝土)"模制砖。然而,具有通常可接受含义的括号是允许的,例如"(甲基)丙烯酸酯""含有 10%~60%(重量)的 A"。

▶【案例分析 5-1-22】

权利要求 1 中具有语段"……包括中央处理器(CPU)",由于括号中的内容是括号前术语的同位语,去掉括号后权利要求的保护范围不发生改变,因此上述包括了括号内容的权利要求 1 可以允许。

【案例分析 5-1-23】

一种(混凝土)砖模,其特征在于……括号内的文字"混凝土"不是参考符号,这种写法使人不清楚该特征"混凝土"是否想限制权利要求的保护范围。由于去掉括号后权利要求的保护范围发生改变;因此,上述包括了括号内容的权利要求是不清楚的。

⑤权利要求中的并列选择。当权利要求中用顿号或者逗号表示并列选择的要素之间的关系时,应当基于本领域技术人员的角度判断这些并列要素之间的关系是否清楚。

如果并列选择的技术特征存在直接上下位关系,则导致一项权利要求限定出保护范围重叠的多重保护范围。由此,导致权利要求的保护范围不清楚。

【案例分析 5-1-24】

一种化合物,其特征在于该化合物由 A 和 B 反应制成,其中,B 是无机盐、硫酸盐、有机盐、苯磺酸盐。在该权利要求中,"硫酸盐"是"无机盐"的下位概念,"苯磺酸盐"是"有机盐"的下位概念,上位概念及其下位概念同时出现在一项权利要求中,限定出多重的保护范围,导致保护范围不清楚。

⑥采用正面肯定式的用语清楚表述要求保护的范围,不得采用否定式描述。如"××部件的材料不是塑料(×)";"非焊接方法(×)"。

2. 权利要求书整体(引用关系)应当清楚。构成权利要求书的所有权利要求作为一个整体也应当清楚,这是指权利要求之间的引用关系应当清楚(请见本章第 5.4 节)。具体是指:

(1)从属权利要求只能以择一方式引用在前的权利要求。

【案例分析 5-1-25】

如权利要求 1 至 3 所述的××装置(×)。
如权利要求 1、2 和 3 所述的××装置(×)。
如权利要求 1 至 3 中任何一个所述的××装置(√)。
如权利要求 1、2 或 3 所述的××装置(√)。

(2)多项从属权利要求不得引用在前的多项权利要求。

【案例分析 5-1-26】

根据权利要求 1 或 2 所述的摄像机调焦装置,……(√)。
根据权利要求 1、2 或 3 所述的摄像机调焦装置,……(×)。

(3)直接或间接从属于某一项独立权利要求的所有从属权利要求都应当写在该独立权利要求之后,另一项独立权利要求之前。

三、简要

权利要求书应当简要:一是指每一项权利要求应当简要;二是指构成权利要求书的所有权利要求作为一个整体也应当简要。具体如下所述:

1. 每项权利要求应当简要

权利要求的表述应当简要,除记载技术特征外,(1)不得对原因或者理由作不必要的描述,也不得使用商业性宣传用语。如一种疫苗的制备方法,其工艺流程为:制备病毒—接种—灭活—浓缩—提纯—分装与销售。(2)不得用同一技术特征对权利要求进行重复限定。

2. 权利要求书整体应当简要

(1)权利要求的数目应当合理。在权利要求书中,允许有合理数量的限定发明或者实用新型优选技术方案的从属权利要求。

(2)为避免权利要求之间相同内容的不必要重复,在可能的情况下,权利要求应尽量采取引用在前权利要求的方式撰写。

(3)一件专利申请中不得出现两项或两项以上保护范围实质相同的同类权利要求。

▶ **【案例分析 5-1-27】**

1:一种洗涤剂,含有组分 A、B、C 和 D。

2:如权利要求 1 所述的洗涤剂,还含有组分 E。

3:一种洗涤剂,含有组分 A、B、C、D 和 E。

分析:权利要求 3 的保护范围与权利要求 2 的保护范围实质相同。当同时出现在权利要求书中,造成权利要求书整体不简要。

第二节　权利要求撰写的形式要求

根据《专利法》第二十六条第四款以及《专利法实施细则》第十九条至第二十二条的规定,权利要求撰写的形式要求如下所述:

1. 权利要求书不得加标题。

2. 权利要求的保护范围是由权利要求中记载的全部内容作为一个整体限定,因此每一项权利要求只允许在其结尾处使用句号。

3. 通常一项权利要求用一个自然段表述。但是当技术特征较多,内容和相互关系较复杂,借助于标点符号难以将其关系表达清楚时,一项权利要求也可以用分行或者分小段的方式描述,分行和分小段处只可用分号或逗号,必要时可在分行或分小段前给出其排序的序号。

4. 权利要求书有一项以上权利要求的,应当用阿拉伯数字顺序编号,且编号前不得冠以"权利要求"或者"权项"等词。

5. 权利要求中使用的科技术语应当与说明书中使用的科技术语一致。

6. 权利要求中可以有化学式或者数学式,但是不得有插图;权利要求中通常不允许使用表格,除非使用表格能够更清楚地说明发明或者实用新型要求保护的主题。

7. 权利要求中不得包含不产生技术效果的特征。

8. 除绝对必要外,权利要求中不得使用"如说明书……部分所述"或者"如图……所示"等类似用语。如包括说明书第1页第3~10行所说的滤波器(×);具有如图2所示的整流器(×)。绝对必要的情况是指当发明或者实用新型涉及的某特定形状仅能用图形限定而无法用语言表达时,权利要求可以使用"如图……所示"等类似用语。

9. 权利要求中的技术特征可以引用说明书附图中相应的标记,以帮助理解权利要求所记载的技术方案。但是,这些标记应当用括号括起来,放在相应的技术特征后面。附图标记不得解释为对权利要求保护范围的限制。如放大器(1)与振荡器(3)相连,放大器(2)与振荡器(4)相连。

10. 开放式的权利要求宜采用"包含""包括""主要由……组成"的表达方式,其解释为还可以含有该权利要求中没有述及的结构组成部分或方法步骤。封闭式的权利要求宜采用"由……组成"的表达方式,其一般解释为不含有该权利要求所述以外的结构组成部分或方法步骤。

11. 权利要求中包含有数值范围的,一般情况下,其数值范围尽量以数学方式表达,例如,"≥30 ℃"">5"等。通常,"大于""小于""超过"等理解为不包括本数;"以上""以下""以内"等理解为包括本数。

12. 在得到说明书支持的情况下,允许权利要求对发明或者实用新型作概括性的限定。通常概括的方式有以下两种:

(1)用上位概念概括。例如,用"气体激光器"概括氦氖激光器、氩离子激光器、一氧化碳激光器、二氧化碳激光器等。又如用"C1—C4 烷基"概括甲基、乙基、丙基和丁基。再如,用"皮带传动"概括平皮带、三角皮带和齿形皮带传动等。

(2)用并列选择法概括,即用"或者"或者"和"并列几个必择其一的具体特征。例如"特征 A、B、C 或者 D"。又如"由 A、B、C 和 D 组成的物质组中选择的一种物质"等。采用并列选择法概括时,被并列选择概括的具体内容应当是等效的,不得将上位概念概括的内容,用"或者"与其下位概念并列。另外,被并列选择概括的概念,应含义清楚。例如在"A、B、C、D 或者类似物(设备、方法、物质)"这一描述中,"类似物"这一概念含义是不清楚的,因而不能与具体的物或者方法(A、B、C、D)并列。

13. 一项实用新型应当只有一个独立权利要求,并应写在同一项实用新型的从属权利要求之前。

14. 在权利要求中做出记载但未记载在说明书中的内容应当补入说明书中。

15. 从属权利要求只能引用在前的权利要求。引用两项以上权利要求的多项从属权利要求只能以择一方式引用在前的权利要求,并不得作为被另一项多项从属权利要求引用的基础,即在后的多项从属权利要求不得引用在前的多项从属权利要求。

第三节 独立权利要求的撰写规定

一份权利要求书中应当至少包括一项独立权利要求,下面从撰写独立权利要求的内容要求和形式要求两部分展开叙述。

一、内容要求

1. 独立权利要求撰写的内容要求:应当从整体上反映发明或者实用新型的技术方案,记载解决技术问题的必要技术特征。即在内容上独立权利要求反映技术方案和记载必要技术特征。

2. 必要技术特征:是指发明或者实用新型为解决其技术问题所不可缺少的技术特征,其总和足以构成发明或者实用新型的技术方案,使之区别于背景技术中所述的其他技术方案。

▶【案例分析 5-3-1】

权利要求 1:一种用直流电压产生高压脉冲的电路,包括变压器、分压器、晶体管放大器、开关晶体管、电阻器和电容器。

分析:由于该申请的独立权利要求中仅记载该电路包括的各种元件,而没有记载各元件之间的连接关系,且所述各元件的连接关系也不是现有技术中记载的解决其技术问题所特有的连接关系,则该独立权利要求记载的不是一个完整的技术方案,无法解决其所要解决的技术问题,从而不符合《专利法实施细则》第二十一条的规定。

3. 必要技术特征的判断:判断某一技术特征是否为必要技术特征,应当从所要解决的技术问题出发。

▶【案例分析 5-3-2】

现有技术的手机:按键输入模式,无摄像头;

发明所要解决的技术问题:传统按键式手机输入缓慢和无法拍照;

必要技术特征之一:手写笔+摄像头。

▶【案例分析 5-3-3】

现有技术的茶杯:只有杯体,没有杯盖;

发明所要解决的技术问题:提供一种带有杯盖的茶杯;

必要技术特征:杯体+杯盖。

▶【案例分析 5-3-4】

钢笔的技术特征:笔尖、开有墨水流动通道的笔舌、安装笔尖和笔舌的笔杆连接部分、存放墨水的橡皮贮囊、挤压橡皮贮囊的弹性挤压部件、笔帽、笔帽上的笔夹、上述这些部件之间的结构关系。

假设 1 现有技术:只有蘸水笔,没有钢笔;

发明所要解决的技术问题:提供一种钢笔,能够贮存墨水,不需要蘸水,并且能够携带,墨水不会漏出来。

必要技术特征:笔尖、开有墨水流动通道的笔舌、安装笔尖和笔舌的笔杆连接部分、存放墨水的橡皮贮囊、笔帽、上述这些部件之间的结构关系。

非必要技术特征:挤压橡皮贮囊的弹性挤压部件、笔帽上的笔夹。

假设 2 现有技术:有钢笔,并且包括上述必要技术特征;

缺点:不能别在口袋上或者书本上。

发明所要解决的技术问题:提供一种便于携带的钢笔。

必要技术特征:笔尖、开有墨水流动通道的笔舌、安装笔尖和笔舌的笔杆连接部分、存放墨水的橡皮贮囊、笔帽、笔帽上的笔夹、上述这些部件之间的结构关系。

二、形式要求：前序部分 + 特征部分

根据《专利法实施细则》第二十一条第一款的规定,发明或者实用新型的独立权利要求(简称"独权")应当包括前序部分和特征部分。

独权 = 前序部分(共有的技术特征) + 特征部分(区别的技术特征)。

独立权利要求分两部分撰写的目的在于使公众更清楚地看出独立权利要求的全部技术特征中,哪些是发明或者实用新型与最接近的现有技术所共有的技术特征,哪些是发明或者实用新型区别于最接近的现有技术的特征。

1.前序部分(共有的技术特征)。写明要求保护的发明或者实用新型技术方案的主题名称和发明或者实用新型主题与最接近的现有技术共有的必要技术特征。

前序部分 = 主题名称 + 与最接近的现有技术共有的必要技术特征。

2.特征部分(区别的技术特征)。使用"其特征是……"或者类似的用语,写明发明或者实用新型区别于最接近的现有技术的技术特征,这些特征和前序部分写明的特征合在一起,限定发明或者实用新型要求保护的范围。

特征部分 = 最接近的现有技术未包含的必要技术特征。

3.独立权利要求的撰写还需要注意:

(1)独立权利要求的前序部分中,发明或者实用新型主题与最接近的现有技术共有的必要技术特征,是指要求保护的发明或者实用新型技术方案与最接近的一份现有技术文件中所共有的技术特征。在合适的情况下,选用一份与发明或者实用新型要求保护的主题最接近的现有技术文件进行"划界"。

(2)独立权利要求的前序部分中,除写明要求保护的发明或者实用新型技术方案的主题名称外,仅需写明那些与发明或实用新型技术方案密切相关的、共有的必要技术特征。

【案例分析 5-3-5】

一项涉及照相机的发明,该发明的实质在于照相机布帘式快门的改进,其权利要求的前序部分只要写出"一种照相机,包括布帘式快门……"就可以了,不需要将其他共有特征,例如透镜和取景窗等照相机零部件都写在前序部分中。独立权利要求的特征部分,应当记载发明或者实用新型的必要技术特征中与最接近的现有技术不同的区别技术特征,这些区别技术特征与前序部分中的技术特征一起,构成发明或者实用新型的全部必要技术特征,限定独立权利要求的保护范围。

【案例分析 5-3-6】

一种电子设备的连续监测装置,其包含一输送带、数个依次排列于输送带上并随其推送的台板及分设于输送带各测试定点处的不同测试仪器,其特征在于:每一台板上分设一介面座及一电源插座,用以分别与台板上的待测产品的信号线及电源连接。

【案例分析 5-3-7】

一种带有高黏性泵结构的配料盒,由两块相互叠置的板构成,其中包含有定量配料部件,其特征在于:该定量配料部件(18)的配料腔(20)在其周边散布设置多个通道槽(21)……

4.独立权利要求也可以不分前序部分和特征部分。根据《专利法实施细则》第二十一条第二款的规定,发明或者实用新型的性质不适于用上述方式撰写的,独立权利要求也可以不分前序部分和特征部分。即,独立权利要求不需要划界的情况,如下所述:

(1)开拓性发明;

(2)由几个状态等同的已知技术整体组合而成的发明,其发明实质在组合本身;

(3)已知方法的改进发明,其改进之处在于省去某种物质或材料,或者是用一种物质或材料代替另一种物质或材料,或者是省去某个步骤;

(4)已知发明的改进在于系统中部件的更换或者其相互关系上的变化。

第四节　从属权利要求的撰写规定

一、内容要求

1.从属权利要求撰写的内容要求

从属权利要求的主题和类型与被引用的权利要求相同,不改变主题和类型;从属权利要求用附加的技术特征对所引用的权利要求做了进一步的限定,所以其保护范围落在其所引用的权利要求的保护范围之内。

2. 附加技术特征

从属权利要求中的附加技术特征,是指对所引用的权利要求的技术特征做进一步限定的技术特征,也可以是增加的技术特征。值得注意的是,独立权利要求采用两部分撰写方式的,其后的从属权利要求不仅可以进一步限定该独立权利要求特征部分中的特征(限定的技术特征),也可以进一步限定前序部分中的特征(即增加的技术特征)。

二、形式要求:引用部分 + 限定部分

根据《专利法实施细则》第二十二条第一款的规定,发明或者实用新型的从属权利要求(简称从权)应当包括引用部分和限定部分。

从权 = 引用部分 + 限定部分。

1. 引用部分

引用部分写明引用的权利要求的编号及其主题名称。从属权利要求的引用部分应当写明引用的权利要求的编号,其后应当重述引用的权利要求的主题名称。例如,一项从属权利要求的引用部分应当写成:"根据权利要求 1 所述的金属纤维拉拔装置……"。

引用部分 = 引用的权利要求编号 + 其主题名称。

2. 限定部分

限定部分应写明发明或者实用新型附加的技术特征。

限定部分 = 附加的技术特征。

▶【案例分析 5-4-1】

1:一种茶杯,包括杯体,杯体上方有开口,其特征在于,还包括一个可以盖住所述开口的杯盖(独权)。

2:如权利要求 1 所述的茶杯,其特征在于,所述的杯盖上有一个提手。

3:如权利要求 2 所述的茶杯,其特征在于,所述的杯盖下有一圈与杯体的开口相吻合的凸圈。

▶【案例分析 5-4-2】

根据权利要求 1 所述电子设备测试站的连续监测装置,其特征在于,该传动机是由一气缸构成,该气缸是以活塞杆与介面板连接。

3. 从属权利要求的撰写还需要注意

(1)从属权利要求只能引用在前的权利要求,不能引用在其后面的权利要求。

(2)若有几项独立权利要求,各自的从属权利要求应尽量紧靠其所引用的权利要求。

(3)直接或间接从属于某一项独立权利要求的所有从属权利要求都应当写在该独立权利要求之后,另一项独立权利要求之前。

（4）引用两项及上述权利要求的多项从属权利要求只能以择一方式引用在前的权利要求。当从属权利要求是多项从属权利要求时，其引用的权利要求的编号应当用"或"或者其他与"或"同义的择一引用方式表达。

多项从属权利要求是指引用两项以上权利要求的从属权利要求，多项从属权利要求的引用方式，包括引用在前的独立权利要求和从属权利要求，以及引用在前的几项从属权利要求。

➤【案例分析5-4-3】

从属权利要求的引用部分写成下列方式：

权利要求3的引用部分"根据权利要求1或2所述的……"（√）；

权利要求10的引用部分"根据权利要求4至9中任一权利要求所述的……"（√）。

（5）多项从属权利要求不得作为另一项多项从属权利要求的引用基础，即在后的多项从属权利要求不得引用在前的多项从属权利要求。

➤【案例分析5-4-4】

权利要求3的引用部分为"根据权利要求1或2所述的摄像机调焦装置"（√）；

权利要求4的引用部分为"根据权利要求1、2或3所述的摄像机调焦装置"（×）。

分析：因为被引用的权利要求3是一项多项从属权利要求。

（6）从属权利要求应当用附加的技术特征，对引用的权利要求做进一步限定。从属权利要求的限定部分可以对在前的权利要求（独立权利要求或者从属权利要求）中的技术特征进行限定。值得注意的是，在前的独立权利要求采用两部分撰写方式的，其后的从属权利要求不仅可以进一步限定该独立权利要求特征部分中的特征，也可以进一步限定前序部分中的特征（即增加的技术特征）。

➤【案例分析5-4-5】

1：一种椅子，包括（1）正方形底座；（2）装在底座底面上的四个细长构件；（3）装在底座上的圆形靠背。

2：根据权利要求1的椅子，还包括连接靠背和底座的弹簧（√）。

分析：限定前序部分中的特征，即增加的技术特征。

3：根据权利要求1的椅子，其特征在于底座是长方形的（×）。

分析：从属权利要求用附加的技术特征对所引用的权利要求做了进一步的限定，所以其保护范围落在其所引用的权利要求的保护范围之内，3中限定未落在1的保护范围内。

4：根据权利要求2的椅子，其特征在于所述连接在每个细长构件上的轮子是塑料的（×）。

分析：同3一样，4中限定未落在2的保护范围内。

（7）从属权利要求的主题和类型应与被引用的权利要求相同。

（8）不能采用特征置换的方式，改写为另一个不同的保护范围。

▶ **【案例分析 5-4-6】**

1：一种包括特征 X 的装置。

2：根据权利要求 1 所述的装置，其特征在于用特征 Y 代替特征 X（×）。

第五节　独立权利要求与从属权利要求的关系

基于第五章和第三章第四节的内容，作者归纳出独立权利要求和从属权利要求具有以下关系：

1. 独权和从权的所属类型相同

按照性质（主题名称）划分，权利要求分为产品权利要求和方法权利要求两类。独立权利要求，可以为产品权利要求，也可以是方法权利要求；独立权利要求撰写时无须引用其他权利要求，而从属权利要求撰写时必须引用在前的权利要求，因此，从属权利要求的类型必须与其所引用的独立权利要求相同。

2. 独权和从权的保护范围不同

在权利要求书中，独立权利要求是解决技术问题的最基本的技术方案，记载全部必要技术特征，所以独立权利要求所限定的保护范围最大/最宽；而从属权利要求是解决技术问题的优选技术方案，从属权利要求包含了其引用的权利要求的全部技术特征，并利用附加技术特征对其引用的权利要求做进一步限定，所以从属权利要求所限定的保护范围窄，落在其所引用的权利要求的保护范围之内，并且应当落入独立权利要求的保护范围之内。如图 5-5-1 所示，独立权利要求和从属权利要求的保护范围，二者构建了一个多层次的保护体系，这也是撰写独立、从属权利要求的目的。

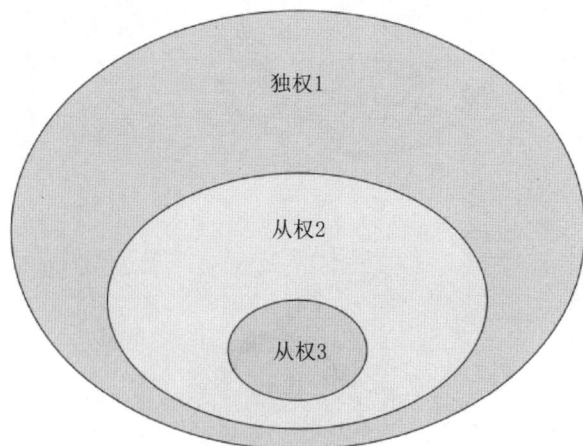

图 5-5-1　独立权利要求和从属权利要求的保护范围示意图

3. 独权和从权的命运相关

在审查程序中判断权利要求的专利性时,独立权利要求与从属权利要求有一定的关联性。具体关系是,当独立权利要求具备了专利性,其所有从属权利要求就自然而然地具备了专利性,不需要另外分别地单独进行判断;反之则不成立。如果独立权利要求不具备专利性,对其从属权利要求就还需要单独进行判断。

4. 独权和从权的形式可以转变

作者根据查询专利相关的法律知识得知,专利复审独立权利要求可以改为从属权利要求。当事人放弃独立权利要求,自愿选择从属权利要求确定专利权保护范围的,人民法院应当允许。《专利法》第五十六条第一款规定,发明或者实用新型专利权的保护范围以其权利要求的内容为准。《专利法实施细则》第二十一条第一款规定,权利要求书应当有独立权利要求,也可以有从属权利要求。

第六章

不同学科领域专利申请的注意事项

不同领域发明的专利申请存在共性和差异性,本章介绍化学领域和计算机程序领域的专利申请的注意事项。因《机械领域专利申请文件撰写精解》和《电学领域专利申请文件撰写精要》两书分别详细介绍了机械领域和电学领域的专利申请的注意事项,故本教材不再赘述。

第一节　化学领域专利申请的特点及要求

化学领域发明的专利申请存在许多特殊性。例如,化学发明能否实施往往难以预测,必须借助于试验结果加以证实才能得到确认;有的化学产品的结构尚不清楚,不得不借助于性能参数和/或制备方法来定义;发现已知化学产品新的性能或用途并不意味着其结构或组成的改变,因此不能视为新的产品;某些涉及生物材料的发明仅仅按照说明书的文字描述很难实现,必须借助于保藏生物材料作为补充手段。

1. 化学发明的种类

化学发明的种类包括产品发明、方法发明和用途发明三种。

(1)产品发明包括化合物、组合物以及用结构和/或组成不能够清楚描述的化学产品。要求保护的发明为化学产品本身的申请,则在说明书中应当记载化学产品的确认、化学产品的制备以及化学产品的用途。

化学产品的确认。化合物具体分为可用分子式或结构式定义的物种(无机和有机化合物、高分子化合物)、不能用分子式或结构式定义的物种(木质素)、化学中间产物(中间体)。对于化合物发明,说明书中应当说明该化合物的化学名称及结构式(包括各种官能基团、分子立体构型等)或者分子式,对化学结构的说明应当明确到使本领域的技术人员能确认该化合物的程度;并应当记载与发明要解决的技术问题相关的化学、物理性能参数(例如各种定性或者定量数据和谱图等),使要求保护的化合物能被清楚地确认。对于高分子化合物,除了应当对其重复单元的名称、结构式或者分子式按照对上述化合物的相同要求进行记载之外,还应当对其分子量及分子量分布、重复单元排列状态(如均聚、共聚、嵌段、接枝等)等要素做适当的说明;如果这些结构要素未能完全确认该高分子化合物,则还应当记载其结晶度、密度、二次转变点等性能参数。组合物是指含有两种或两种以上化合物按照一定比例组合的具有特定性质和用途的物质或材料(如水泥、陶瓷、肥料、中药、食品等)。对于组合物发明,说明书中除了应当记载组合物的组分外,还应当记载各组分的化学和/或物理状态、各组分可选择的范围、各组分的含量范围及其对组合物性能的影响等。对于仅用结构和/或组成不能够清楚描述的化学产品,说明书中应当进一步使用适当的化学、物理参数和/或制备方法对其进行说明,使要求保护的化学产品能被清楚地确认。

化学产品的制备。对于化学产品发明,说明书中应当记载至少一种制备方法,说明实施所述方法所用的原料物质、工艺步骤和条件、专用设备等,使本领域的技术人员能够实施。对于化合物发明,通常需要有制备实施例。

化学产品的用途。对于化学产品发明,应当完整地公开该产品的用途和/或使用效果,即使是结构首创的化合物,也应当至少记载一种用途。

(2)方法发明包括制备或制造的方法、处理方法。对于化学方法发明,无论是物质的制备方法还是其他方法,均应当记载方法所用的原料物质、工艺步骤和工艺条件,必要时还应当记载方法对目的物质性能的影响,使所属技术领域的技术人员按照说明书中记载的方法去实施时能够解决该发明要解决的技术问题。对于方法所用的原料物质,应当说明其成分、性能、制备方法或者来源,使得本领域技术人员能够得到。

(3)用途发明包括新物种的用途和已知物种的新用途。对于化学产品用途发明,在说明书中应当记载所使用的化学产品、使用方法及所取得的效果,使得本领域技术人员能够实施该用途发明。如果本领域的技术人员无法根据现有技术预测该用途,则应当记载对于本领域的技术人员来说,足以证明该物质可以用于所述用途并能解决所要解决的技术问题或者达到所述效果的实验数据。

2. 化学领域不授予专利权的专利申请

化学领域不授予专利权的专利申请包括天然物质、菜谱和烹调方法、医生处方、物种的医疗用途、动物和植物品种、部分生物发明等。其中,人们从自然界找到以天然形态存在的物质,仅仅是一种发现,属于《专利法》第二十五条第一款第(一)项规定的"科学发现",不能被授予专利权。但是如果是首次从自然界分离或提取出来的物质,其结构、形态或者其他物理化学参数是现有技术中不曾认识的,并能被确切地表征,且在产业上有利用价值,则该物质以及获得该物质的方法可以被授予专利权。菜肴和烹调方法不适于在产业上制造和不能重复实施,不具备实用性;依赖于厨师的技术、创作等不确定因素导致不能重复实施的烹调方法不适于在产业上应用,也不具备实用性。医生处方是指医生根据具体病人病情所开药,仅仅根据医生处方配药的过程,均没有工业实用性。物种的医疗用途包括用于疾病的诊断和治疗方法(如物质 X 用于治疗疾病 Y)、用于制造药品(如物质 X 在制备治疗疾病 Y 的药品中的应用)。动植物品种不授予专利权(植物新品种保护条例),动植物及转基因动植物不能被授予专利权,植物种子、植物繁殖材料、植物细胞,组织和器官不被授予专利权。部分生物发明,属于违反社会公德或者妨害公共利益的不授予专利权的生物发明,如克隆人的方法以及克隆的人、改变人生殖系统遗传身份的方法、人胚胎的工业或商业目的的应用、可能导致动物痛苦而对人或动物的医疗没有实质性益处的、改变动物遗传身份的方法,以及由此方法得到的动物。

3. 内容复杂而广泛,合案申请多

化学类专利申请内容复杂并且广泛,因此合案申请较多,并且合案申请的几项发明应当具有单一性;合案申请时,应当写成几项并列的独立权利要求,撰写时要分开撰写产品、制造方法及用途,并且要独立审查几项发明。

4. 属于实验科学领域,重视实施例和试验数据

由于化学领域属于实验性学科,多数发明需要经过实验证明,因此说明书中实施例在化学类专利申请中起到重要作用,通过实施例可以充分公开发明内容,说明发明效果,支持权利要求的范围,同时可作为自我防卫的手段。说明书中实施例的数目,取决于权利要求的技术特征的概括程度,例如并列选择要素的概括程度和数据的取值范围;在化学发明中,根据发明的性质不同,具体技术领域不同,对实施例数目的要求也不完全相同。一般的原则是,应当能足以理解发明如何实施,并足以判断在权利要求所限定的范围内都可以实施并取得所述的效果。

5. 注重发明效果,需证明手段

化学类专利申请一般都需要用实验数据定量地表示发明的效果,说明测定数据的方法和条件,说明效果的数据要有可比性。如同类数据:标准或惯用的测定方法和条件;针对性数据:与发明目的密切相关。

6. 涉及生物材料,必要时需保藏样品

根据《专利法实施细则》第二十四条规定,申请专利的发明涉及新的生物材料,该生物材料公众不能得到,并且对该生物材料的说明不足以使所属领域的技术人员实施其发明的,除应当符合《专利法》和《专利法实施细则》的有关规定外,申请人还应当办理下列手续,包括:一是在申请日前或者最迟在申请日(有优先权的,指优先权日),将该生物材料的样品提交国务院专利行政部门认可的保藏单位保藏,并在申请日时或者最迟自申请日起 4 个月内提交保藏单位出具的保藏证明和存活证明,期满未提交证明的,该样品视为未提交保藏;二是申请文件中提供有关该生物材料特征的资料;三是涉及生物材料样品保藏的专利申请应当在请求书和说明书中写明该生物材料的分类命名(注明拉丁文名称),保藏该生物材料样品的单位名称、地址、保藏日期和保藏编号;申请时未写明的,应当自申请日起 4 个月内补正;期满未补正的,视为未提交保藏。

生物领域发明需要注意的几个问题:

说明书包括作为一个单独部分提交的序列表及提交申请文件的同时提交的该序列表的软盘;是否需要保藏并不取决于权利要求是否要求保护该生物材料;涉及 DNA 片段、基因及多肽的发明,其用途是"特有的",而不是"普遍性用途";人工诱变的微生物可以授权,但诱变方法绝大多数情况下不能授权。

一、化合物发明的申请文件的撰写

1. 权利要求的撰写要求

化合物独立权利要求的表征方式,包括四种:化学名称(国际通用的命名原则,不允许用商品名或者代号)、化学式(包括分子式或结构式,化合物的结构应当是明确的,不能用含糊不清的措辞)、用特性参数表征化合物和用生产方法表征化合物。其中,化合物表征方式的选择原则是优选化学名称和化学式,对于仅用结构和/或组成特征不能清楚表征的化学产品权利要求,允许进一步采用物理-化学参数和/或制备方法来表征;允许用制备方法来表征化学产品权利要求的情况是:用制备方法之外的其他特征不能充分表征的化学产品。

2. 说明书的撰写要求

化合物说明书撰写应包括化合物定义、生产方法和用途三部分。首先,化合物定义。应当对化合物通式的定义展开描述,如取代基定义的具体说明(氨基包括一烷基氨基/二烷基氨基/环氨基)、对分子或基团间结构的进一步说明(立体异构体)、各取代基的举例和/或优选范围的说明以及优选申请化合物的举例。其次,化合物生产方法。对所申请化合物的生产方法的描述是指对新物质的生产方法做完整的描述,充分公开全部必要条件;对已知物质生产方法可以概括地说明。其中,公开全部必要条件包括:原料(和中间体);涉及的其他物料,如反应介质、催化剂等;工艺步骤,如反应、提取分离等;工艺条件,如温度、压力、环境等;产品的分离提纯技术,如液-液萃取、重结晶、色谱分离等;所使用的专用设备,如高压反应设备等;必要时可有附图。适当概括说明生产条件是指对其中常规的技术部分进行简略说明,适当引用已知技术文件;对其中属于生产本发明化合物专有的技术内容进行详细说明。最后,化合物用途。描述所申请化合物的用途和使用效果,如果是结构全新的化合物,至少要公开其一种用途;如果是结构改进性的新化合物,即结构与已知的相近,还需提供对比试验数据;如果是药物化合物(包括农药化合物),要介绍其具体医学用途、药理功效(实验室和/或动物或临床试验数据)、有效量及使用方法。

二、组合物发明的申请文件的撰写

1. 组合物发明的特点

组合物是指两种或者两种以上化学物质按一定比例组合而成的具有特定性质和用途的物质或材料,在化学领域的产品发明中占有重要的地位。组合物的发明是以组成为特征(不以产品的结构或形状为特征);以性能为目的(所提供的新产品具有某些特殊的性能,难点不在于各组分的组合本身,而在于使组合后的产品具有所需的性能);以应用为效果(以性能为目的,那么性能的应用,即为该组合物的效果,至少一种应用说明)。应用效果在判断发明创造性、实用性时作用较大。

组合物发明的表示方式包括用组分和含量表示、仅用组分表示、用性能参数表示和用制备方法表示。

2.权利要求的撰写要求

根据《专利法实施细则》第二十一条第二款的规定,发明的性质不适合将独立权利要求分为前序和特征两部分撰写的,独立权利要求可以用其他方式撰写。组合物权利要求一般属于这种情况。

(1)组合物权利要求应当用组合物的组分或者组分和含量等组成特征来表征,且组合物权利要求的表达方式分为开放式和封闭式。

开放式表示组合物中并不排除权利要求中未指出的组分,保护范围宽,要求高。常用的措辞如,"含有""包括""包含""基本含有""本质上含有""主要由……组成""主要组成为""基本上由……组成""基本组成为"等,这些都表示该组合物中还可以含有权利要求中所未指出的某些组分,即使其在含量上占较大的比例。

封闭式表示组合物中仅包括所指出的组分而排除所有其他的组分,保护范围窄,要求低。常用的措辞如,"由……组成""组成为""余量为"等,这些都表示要求保护的组合物由所指出的组分组成,没有别的组分,但可以带有杂质,该杂质只允许以通常的含量存在。

使用开放式或者封闭式表达方式时,必须要得到说明书的支持。例如,权利要求的组合物 A+B+C,如果说明书中实际上没有描述除此之外的组分,则不能使用开放式权利要求。

还应当指出的是,一项组合物独立权利要求为 A+B+C,假如其下面一项权利要求为 A+B+C+D,则对于开放式的 A+B+C 权利要求而言,含 D 的这项为从属权利要求;对于封闭式的 A+B+C 权利要求而言,含 D 的这项为独立权利要求。

(2)组合物权利要求中组分和含量的限定。

如果发明的实质或者改进只在于组分本身,其技术问题的解决仅取决于组分的选择,而组分的含量是本领域的技术人员根据现有技术或者通过简单实验就能够确定的,则在独立权利要求中可以允许只限定组分。

如果发明的实质或者改进既在组分上,又与含量有关,其技术问题的解决不仅取决于组分的选择,而且还取决于该组分特定含量的确定,则在独立权利要求中必须同时限定组分和含量,否则该权利要求就不完整,缺少必要技术特征。

在某些领域中,如合金领域,合金的必要成分及其含量通常应当在独立权利要求中限定。

组合物含量的表示方式:包括百分数表示法(可以是重量百分数、体积百分数或者摩尔百分数)、份数表示法(重量或体积份数,反映比例)、余量表示法(用基本组分补足100%)和其他表示方法(如浓度或相图)。组合物含量表示需要注意以下问题:

在限定组分的含量时,不允许有含糊不清的用词,例如"大约""左右""近"等;组分含量可以用"0~X""<X"或者"X 以下"等表示,以"0~X"表示的,为选择组分(不是必要组分),"<X""X 以下"等的含义为包括 X=0,即不能用"<"或"小于"来定义必要组分的含量,因为其下限为零;通常不允许以">X"表示含量范围;一个组合物中各组分含量百分数之和应当等于100%,几个组分的含量范围应当符合某一组分的上限值+

其他组分的下限值≤100;某一组分的下限值+其他组分的上限值≥100;一个权利要求中不能出现两种表示方式。

用文字或数值难以表示组合物各组分之间的特定关系的,可以允许用特性关系或者用量关系式,或者用图来定义权利要求。图的具体意义应当在说明书中加以说明。用文字定性表述来代替数字定量表示的方式,只要其意思是清楚的,且在所属技术领域是众所周知的,就可以接受,例如"含量足以杀菌的""催化量的""含量足以使……稳定的"等。

(3)组合物权利要求的其他限定。

组合物权利要求一般有三种类型,即非限定型、性能限定型以及用途限定型。

非限定型:"一种水凝胶组合物,含有分子式(Ⅰ)的聚乙烯醇、皂化剂和水"[分子式(Ⅰ)略];

性能限定型:"一种磁性合金,含有 10%~60%(重量)的 A 和 40%~90%(重量)的 B";

用途限定型:"一种丁烯脱氢催化剂,含有 Fe_3O_4 和 K_2O……"。

当该组合物具有两种或者多种使用性能和应用领域时,可以允许用非限定型权利要求。例如,上述的水凝胶组合物,在说明书中叙述了它具有可成型性、吸湿性、成膜性、黏结性以及热容量大等性能,因而可用于食品添加剂、上胶剂、黏合剂、涂料、微生物培养介质以及绝热介质等多个领域。

如果在说明书中仅公开了组合物的一种性能或者用途,则应写成性能限定型或者用途限定型,例如磁性合金、烯脱氢催化剂。大多数药品权利要求应当写成用途限定型。

3.说明书的撰写要求

组合物的说明书撰写要求:清楚地写明组合物的组分和含量,以及组合物所具有的性质和用途;说明组合物的制备方法;必要时说明各组分的来源或制备方法;正确选用组合物各组分的名称;杂质一般不用定义含量,必要时可以说明其容许范围。

三、方法发明的申请文件的撰写

1.说明书的撰写要求

(1)新产品的生产方法。其说明书的撰写应当公开:实施该方法所用的所有原料,包括新原料、已有的原料和中间体;所有的工艺步骤、顺序及工艺条件,例如温度、压力、催化剂等;所涉及的产品分离、提纯的方法、步骤;所用的专用设备。同时还要给出产品名称、成分、分子式、结构式、物化参数,鉴定的数据或图谱,用途、效果的数据等。

(2)已知产品的生产方法。其说明书的撰写应当公开:实施该方法所用的所有原料,包括新原料、已有的原料和中间体;所有的工艺步骤、顺序及工艺条件,例如温度、压力、催化剂、介质等;所涉及的产品分离、提纯的方法、步骤;所用的专用设备。还要与现有工艺进行对比,比较是否简化了工艺、提高收率或纯度、缩短生产周期、降低能耗、原料易得、减少污染等。

2. 权利要求的撰写要求

化学领域中的方法发明,无论是制备物质的方法还是其他方法(如物质的使用方法、加工方法、处理方法等),其权利要求可以用涉及工艺、物质以及设备的方法特征来进行限定。

化学方法发明的技术特征可以归纳为:

(1)涉及工艺的方法特征包括工艺步骤(也可以是反应步骤)和工艺条件,例如温度、压力、时间、各工艺步骤中所需的催化剂或者其他助剂等。

(2)涉及物质的方法特征包括该方法中所采用的原料和产品的化学成分、化学结构式、理化特性参数等。

(3)涉及设备的方法特征包括该方法所专用的设备类型及其与方法发明相关的特性或者功能等。

应当注意:对于一项具体的方法权利要求来说,根据方法发明要求保护的主题不同、所解决的技术问题不同以及发明的实质或者改进不同,选用上述三种技术特征的重点可以各不相同,即描述的详略程度,对于发明点所在的特征必须清楚描述;而其他常规的工艺步骤可以简要描写。撰写形式上可分为前序部分和特征部分,不适合时也可以不分。具体如下:

①新产品的生产方法。应将产品的名称或结构式写在前序部分中;在特征部分写明实施该方法必不可少的技术特征。如所用的原料和反应或处理步骤及条件等。

②已知产品的生产方法。前序部分除了生产的产品的名称或结构式外,还应当包括与现有技术共有的必要技术特征(工艺步骤);在特征部分写明该方法的区别特征(不同的步骤等)。

③不宜分时可不分。例如,一种制备金属复合体的方法,包括如下步骤:

提供一种铝合金和一种可渗性陶瓷成堆填充料;

提供至少一个确定填充料表面临界层的阻挡层;

提供一种包含 10%~100% 体积氮的非氧化气体;

使融熔态上述铝合金在 700 ℃ 以上温度下与填充料相接触。

④涉及专用设备的化学方法权利要求的撰写。权利要求应当包括这些涉及设备的方法特征。涉及设备的方法特征,是指从方法的角度描述如何在不同的专用设备或其不同的部分对原料进行化工处理,而不在于描述设备的结构或形状。例如:"一种利用溶剂提取金属的方法",该方法包括下列步骤:

将水相和有机相引入一个设有涡轮的溢流泵;

使溢流泵中物流以水平方向排出泵的底部,并流到第一搅拌器的搅拌空间的顶部;

使物流从搅拌器的中部或底部排出,并进入下一级搅拌器的中部或底部;

使物流从末级搅拌器的底部排出,呈切向进入一个垂直井内旋转并上升;

使所需的回流相回流到溢流泵。

⑤改进方法权利要求的撰写。对已知方法的改进发明,要清楚限定其改进步骤,而其他与改进步骤无关的具体细节不必写入权利要求。例如:"一种添加晶种提高水泥

窑煅烧效能的方法,其特征在于在水泥生料的煅烧过程中添加生料用料 3%～10%(重量)的晶种。"

四、用途发明的申请文件的撰写

1. 用途发明的含义

化学产品的用途发明是基于发现产品固有的但迄今为止未被认识的新的性质或功能,并利用此性能而做出的发明。新的发现和应用不能改变产品的结构或组成,使其变成新的产品,只能导致产品的新的应用。即无论是新产品还是已知产品,其性能是产品本身所固有的,用途发明的本质不在于产品本身,而在于产品性能的应用。因此,用途发明是一种定性的方法发明,其权利要求属于方法类型,不受具体使用步骤及条件的限制,保护范围较宽。

2. 用途发明的说明书的撰写

清楚地说明所应用的产品。对于已知产品,要说明来源以及原有已知的性质及用途;对于新产品,要说明结构或组成和至少一种制造方法。

写明该产品的使用要求。要写明产品的使用形式和用法以及使用的条件;对于常规使用方法,做简要描述即可。

充分公开应用范围及效果。应当在说明书中充分公开所述产品新的应用领域、对象、目的和适用范围;公开新应用所达到的效果,并以试验数据等方式公开到令人确信的程度(有效、对比数据)。

3. 用途发明的权利要求的撰写方式

(1)以应用方式撰写权利要求。大多数对使用方式和条件没有特殊要求的用途发明,可以写成:"用化合物 X 作为杀虫剂"或"化合物 X 作为杀虫剂的应用";"化合物 Y 用作木材防蛀保护的浸渍液"或"化合物 Y 以浸渍方式用于木材防蛀的应用"。

应当注意,从权利要求的撰写措辞上区分用途权利要求和产品权利要求。例如,"用化合物 X 作为杀虫剂"或者"化合物 X 作为杀虫剂的应用"是用途权利要求,属于方法类型,而"用化合物 X 制成的杀虫剂"或者"含化合物 X 的杀虫剂",则不是用途权利要求,而是产品权利要求。还应当明确的是,不应当把"化合物 X 作为杀虫剂的应用"理解为与"作杀虫剂用的化合物 X"相等同。后者是限定用途的产品权利要求,不是用途权利要求。

(2)以使用方法形式撰写权利要求。对使用方式和条件有特殊要求的用途发明,可写成应用酚酞作为含水介质中酸碱指示剂的方法,其特征是将其制成乙醇水溶液,滴至待测定含水介质中,含水介质呈现红色($pH \geqslant 8$)即为碱性,含水介质无色($pH < 8$)即为酸性或中性。

(3)特殊考虑。如果利用一种物质 A 而发明了一种物质 B,应当以物质 B 本身申请专利,应撰写成产品 B 权利要求(保护范围大);也可以撰写成 A 的用途权利要求(保护范围小)。

(4)医药用途发明专利的申请方式。物质的医药用途如果以"用于治病""用于诊断病""作为药物的应用"等这样的权利要求申请专利,则属于《专利法》第二十五条第一款第(三)项"疾病的诊断和治疗方法",因此不能被授予专利权;但是由于药品及其制备方法均可依法授予专利权,因此物质的医药用途发明以药品权利要求或者例如"在制药中的应用""在制备治疗某病的药物中的应用"等属于制药方法类型的用途权利要求申请专利,则不属于《专利法》第二十五条第一款第(三)项规定的情形。

第一次医药用途发明。直接以该产品的医药用途方式请求一种方法形式的专利保护;例如,应当写成"产品 X 用于制备治某病的药品",而不能写成"用于诊断疾病"或"用于治病"等形式。以由该产品为活性成分制成的药物组合物请求产品形式的专利保护;产品本身已知,但药物组合物具有新颖性,应当说明产品的化学结构和药物活性、组分配比和制备方法、有效量及使用方法,并通过动物试验等数据证明医疗效果。

第二次医药用途发明。活性成分的第二次药用,如采用不同载体等配料,可以采用医药用途或药物组合物两种方式中任何一种申请专利保护;已知药品的第二次药用,只能以医药用途也即药品制备方法的形式请求专利保护;如"阿司匹林在制备治疗心血管病药剂中的应用"。说明书应当说明该药品新的药物活性、有效量及使用方法,并通过动物试验或临床试验数据详细描述该药品对第二适应证的医疗效果,并证明第二适应证与已知用途之区别的非显而易见性。保护落实在包装盒上印刷的适用范围上。

五、权利要求书撰写的常见错误

1. 独立权利要求
(1)写入从属权利要求的技术特征,缩小了保护范围;
(2)缺少必要技术特征;
(3)未清楚描述化合物,添加剂含量范围错误;
(4)主题不清楚;
(5)开放式与封闭式写法选用错误;
(6)划界错误,如电解液——溶剂、溶质盐和添加剂均写在前序部分;电池——阴极、阳极和非水性电解液均写在前序部分;
(7)独立权利要求的主题错误,如写成化合物的用途或化合物本身;
(8)缺少独立权利要求;
(9)形式缺陷,如使用括号,同一技术特征的重复限定。
2. 从属权利要求
(1)引用的主题错误;
(2)引用关系错误,非择一引用或多项引用;
(3)引用的内容未在独立权利要求中提及;
(4)形式错误。

第二节　计算机领域专利申请的特点及要求

计算机程序本身是指为了能够得到某种结果而可以由计算机等具有信息处理能力的装置执行的代码化指令序列,或符号化指令序列或符号化语句序列。

计算机程序的发明是指为了解决发明提出的问题,全部或部分以计算机程序处理流程为基础,通过计算机执行按流程编制的计算机程序,对计算机外部对象或内部对象进行控制或处理的解决方案。其中,对外部对象的控制或处理包括对某种外部运行过程或外部运行装置进行控制,对外部数据进行处理或者交换;对内部对象的控制或处理包括对计算机系统内部性能的改进,对计算机系统内部资源的管理,对数据传输的改进;涉及计算机程序的解决方案并非必须包含对计算机硬件的改变。

一、不能授予专利权的计算机程序发明

计算机程序的发明专利申请具有与其他领域的发明专利申请相同的一般性,也具有一定的特殊性。根据《专利法》第二十五条第一款第(二)项的规定,对智力活动的规则和方法不授予专利权。所说的智力活动的规则和方法包括数学方法以及一切属于以人的抽象思维、主观意念或者感觉为特征的非技术方案。不能授予专利权的计算机程序发明:

(1)属于智力活动的规则和方法,包括:仅仅涉及一种算法或数学计算规则,或者计算机程序本身或仅仅记录在载体(例如磁带、磁盘、光盘、磁光盘、ROM、PROM、VCD、DVD或者其他的计算机可读介质)上的计算机程序本身,或者游戏的规则和方法等,不属于专利保护的客体。

(2)非技术方案,是指没有解决技术问题;没有利用技术方案或没有包含技术特征,只是提出一种构想或愿望;没有获得技术效果,或者该技术效果是不可实现的。

二、计算机程序发明撰写前的注意事项

1.根据《软件保护条例》的规定,计算机程序和文档都受到著作权法所保护。

2.根据《专利法》规定,对产品、方法或者其改进所提出的新的技术方案,即涉及计算机程序的发明专利申请只有构成技术方案才是专利保护的客体。

3.保护客体。如果涉及计算机程序的发明专利申请的解决方案执行计算机程序的目的是解决技术问题,同时在计算机上运行计算机程序从而对外部或内部对象进行控制或处理所反映的是技术手段,并且由此获得技术效果,则这种解决方案是技术方案,属于《专利法》保护的客体。简言之,涉及计算机程序的发明,是指以解决技术问题为目的,以计算机程序处理流程为基础,利用技术手段并能产生技术效果的解决方案。

4.表达形式,以自然语言表述发明的内容,即通过方法的步骤或者产品的结构体现的技术方案,而不是以机器语言表达的代码化指令序列。

5.判断是否为技术方案,包括采用技术手段、解决技术问题和产生技术效果三

方面。

▶【案例分析 6-2-1】

利用计算机程序求解圆周率的方法。

一种利用计算机程序求解圆周率的方法,包括以下步骤:

计算一个正方形内"点"的数目;计算该正方形内切圆内"点"的数目;

根据公式 $\pi = (\Sigma$ 圆内"点"计数值$/\Sigma$ 正方形内"点"计数值$) \times 4$ 来求解圆周率。

分析:这种解决方案仅仅涉及一种由计算机程序执行的纯数学运算方法或者规则,本质属于人的抽象思维方式,因此该发明专利申请属于《专利法》第二十五条规定的智力活动的规则和方法,不属于专利保护的客体。

▶【案例分析 6-2-2】

一种利用虚拟设备文件系统扩充移动计算设备存储容量的方法,包括以下步骤:在移动计算设备上建立一个虚拟设备文件系统模块,并挂入移动设备的操作系统;通过虚拟设备文件系统模块向移动计算设备上的应用提供一个虚拟的存储空间,并把对这个虚拟存储空间的读写请求通过网络发送到远端服务器;在远端服务器上,把从移动计算设备传来的读写请求转化为对服务器上本地存储设备的读写请求,并把读写的结果通过网络传回移动计算设备。

分析:该方案是一种改进移动计算设备存储容量的方法,解决的是如何增加便携式计算机等移动计算设备的有效存储容量的技术问题,该方法通过执行计算机程序实现对移动计算设备内部运行性能的改进,反映的是利用虚拟设备文件系统模块在本地计算机上建立虚拟存储空间,将对本地存储设备的访问转换为对服务器上的存储设备的访问。因此,该发明专利申请是一种通过执行计算机程序实现计算机系统内部性能改进的解决方案,属于《专利法实施细则》第二条规定的技术方案,属于专利保护的客体。

三、说明书和权利要求的撰写要求

涉及计算机程序的发明专利申请的说明书及权利要求书的撰写要求与其他技术领域的发明专利申请的说明书及权利要求书的撰写要求原则上相同。就涉及计算机程序的发明专利申请的说明书及权利要求书在撰写方面的特殊要求如下。

1.说明书的撰写要求

涉及计算机程序的发明专利申请的说明书除了应当从整体上描述该发明的技术方案外,还必须清楚、完整地描述该计算机程序的设计构思及其技术特征以及达到其技术效果的实施方式。为了清楚、完整地描述该计算机程序的主要技术特征,说明书附图中应当给出该计算机程序的主要流程图。说明书中应当以所给出的计算机程序流程为基础,按照该流程的时间顺序,以自然语言对该计算机程序的各步骤进行描述。说明书对该计算机程序主要技术特征的描述程度应当以本领域的技术人员能够根据说明书所记载的流程图及其说明编制出能够达到所述技术效果的计算机程序为准。

为了清楚起见,如有必要,申请人可以用惯用的标记性程序语言简短摘录某些关键部分的计算机源程序以供参考,但不需要提交全部计算机源程序。

涉及计算机程序的发明专利申请包含对计算机装置硬件结构做出改变的发明内容的,说明书附图应给出该计算机装置的硬件实体结构图,说明书应根据该硬件实体结构图,清楚、完整地描述该计算机装置的各硬件组成部分及其相互关系,以本领域技术人员能够实现为准。

说明书撰写时应该注意的几个问题:

(1)针对单侧撰写的方法权利要求,尽量给出支持不同侧方法权利要求的流程图。否则,以一个完整的交互流程同时支持不同侧撰写的多个单侧方法权利要求时,注意实施例中的每一个方法步骤中,分别对应两侧的操作进行描述。如一侧发送……指令时,同时描述另一侧接收……指令,以达到对两侧撰写的方法权利要求的支持。

(2)涉及算法或常规的软件方法的专利申请,尽量关联到实际的应用系统,即使在系统架构上没有进行改进,仍然建议给出系统运行环境的结构示意图,并在描述方法实施例和虚拟装置实施例时,关联到该系统运行环境。如,本发明实施例提供的……方法,在××系统中的××服务器执行,其中需要的××参数,从系统中和××服务器相连××服务器中获得;本发明实施例提供的……装置,可用于××系统中的××服务器,对……进行处理,可以获得……的有益效果等。

(3)在描述装置的各个功能模块时,也尽可能联系具体应用的网络环境。如对某个装置的"……单元"除了描述其功能外,也描述其物质属性;如,信息发布单元是以上所述＊＊系统中负责发布信息的部分,可以是软件、硬件或两者的结合。

(4)在说明书中多描述,少定义,以开放性的语言进行描述,避免对保护范围造成限制性解释。如将"Web 服务器是一个用于管理 Web 页面的软件"改为"Web 服务器用于管理 Web 页面,可以是软件,也可以是硬件"。

(5)在列举本发明实施例的优点时注意用词,并结合具体实施例中的改进点进行分析,避免引起每一权利要求必须达到所有优点的误解。如将"本发明具有以下优点"改为"本发明实施例中,由于采用了……,因此具有以下优点……",最后还可以进行如下说明"当然,实施本发明的任一产品并不一定需要同时达到以上所述的所有优点"。

(6)在描述流程图时考虑其步骤次序是否可改变,如果某些步骤次序可改变,则在申请书中指出,如"步骤 A 和 B 并非按照严格的先后顺序执行,也可先执行 A,后执行 B",并在撰写权利要求时尽量避免有时序关系的撰写方式。如"确定参数 A;确定参数 B;根据参数 A 和 B……",当"确定参数 A;确定参数 B"没有严格时序关系时,尽量写成"确定参数 A 和 B"。

2.权利要求书的撰写要求

涉及计算机程序的发明专利申请的权利要求可以写成一种方法权利要求,也可以写成一种产品权利要求(如实现该方法的装置)。无论写成哪种形式的权利要求,都必须得到说明书的支持,并且都必须从整体上反映该发明的技术方案,记载解决技术问题的必要技术特征,而不能只概括地描述该计算机程序所具有的功能和该功能所能够达到的效果。

如果写成方法权利要求,应当按照方法流程的步骤详细描述该计算机程序所执行的各项功能以及如何完成这些功能。

如果写成装置权利要求,应当具体描述该装置的各个组成部分及其各组成部分之间的关系,所述组成部分不仅可以包括硬件,还可以包括程序。

如果全部以计算机程序流程为依据,按照与该计算机程序流程的各步骤完全对应一致的方式,或者按照与反映该计算机程序流程的方法权利要求完全对应一致的方式,撰写装置权利要求,即这种装置权利要求中的各组成部分与该计算机程序流程的各个步骤或者该方法权利要求中的各个步骤完全对应一致,则这种装置权利要求中的各组成部分应当理解为实现该程序流程各步骤或该方法各步骤所必须建立的程序模块,由这样一组程序模块限定的装置权利要求应当理解为主要通过说明书记载的计算机程序实现该解决方案的程序模块构架,而不应当理解为主要通过硬件方式实现该解决方案的实体装置。

权利要求撰写时应该注意的几个问题:

(1)要以机器内部的处理撰写技术方案,不能从人工操作的角度撰写;

(2)尽量用上位概念,避免用具体概念;

(3)尽量回避商业词汇,如用"信息"替代"广告";

(4)单侧撰写原则;

(5)对于每一套单侧撰写的权利要求,分别给出要解决的技术问题和相应的有益效果,以避免审查员要求将对侧的处理作为本侧权利要求的必要技术特征;

(6)涉及公式的,权利要求尽量不要罗列公式,而是使用自然语言进行描述;

(7)方法权利要求步骤划分要合理,建议每个动作使用一个步骤描述,不能将多个处理动作使用一个大段进行描述;

(8)独权保护范围要适当,描述尽量使用短句。

参考文献

[1] 马兆鹏. 我国专利制度建设的历史演进及特点. 中国发明与专利. 2019, 16(9)：61-64.

[2] 董雨, 徐伟. 英国专利制度发展史及其对我国的借鉴. 中国高校科技. 2019(1)：47-49.

[3] 付丽霞. 美国专利制度演进的历史梳理与经验借鉴. 中国发明与专利. 2018, 15(10)：28-34.

[4] 中华人民共和国国家知识产权局. 专利审查指南. 北京：知识产权出版社, 2010.